ちくま新書

使える！確率的思考

小島寛之
Kojima Hiroyuki

565

使える！　確率的思考【目次】

部扉イラストレーション＝市川智子

はじめに――この本が語ろうとしている「世界の眺め方」

この本は、ひとことでいえば、確率のことをあれこれ書いた本だ。

「確率」と聞くと、読者のみなさんはすぐに、サイコロ投げだとか、色のついた球を袋から取り出すだとか、そういうものを思い浮かべることだろう。そして、学校時代の忌々《いまいま》しい記憶をよみがえらせることだろう（もしあなたが学生なら、さらに悪いことに、それは「記憶」ではなく「現実」だ）。

確率というのは、学校数学の中では珍しく、答えだけはとりあえず書けてしまう分野である。この特徴は、手も足も鉛筆も出せない代数や幾何の問題に比べると顕著である。しかし、とりあえず答えは書けるものの、たいていは間違ってしまう。そればかりではなく、「なぜ間違っているのか」が理解できないので、余計しゃくにさわるのだ。きっとこうやって、あなたは確率嫌いになったに違いない（あるいは、まさに現在進行形で嫌いになっているだろう）。

申し訳ないが、本書には、そういう「学校の確率」のことはほとんど書かれていない。

この本は「学校の確率ができるようになる」ためには、きっと役に立たないだろう。でも、よく考えてほしい。あなたが大人なら、どうしていまさら「学校の確率ができるようになる」ことが必要なのだろう。だって、あなたが毎日通っているのは、学校ではなく実社会なのだ。たとえていうなら、学校の給食で、ある食材が嫌いになった大人が、もう一度教室に出向いて給食を食べて、それを克服しようとしているようなものではないか。それはどう考えたってばかげている。**大人には、大人の分別と教養とお金と味覚がある。大人には大人のやり方があるじゃないか。**

断言しよう。学校で教わる確率の大部分は、受験にしか役に立たない。人生でそれ以外に使える場面は皆無だといっていい（もちろん受験は、人生の重要なステップだ。だからあなたがこれから受験を迎える人なら、どうにか確率嫌いを克服しなければならない）。でも、**学校では教わらなかった「確率的なものの見方・考え方」は、人生を生きる中ですごく役に立つのだ。一生もので使えるのだ。**この本では、そういう「確率的思考」のスキルを読者のみなさんに提供しようとしている。

たとえば、みなさんはギャンブルだけでなく、人生のさまざまな場面で「ツキ」というものを感じることがあるだろう。でも「ツキ」ってそもそもなんだろう。実は、「ツキ」についても、確率的に分析することが可能なのだ。本書の冒頭（第1章）にそのことを書いた。そこには学校の確率とは別の世界がくり広げられているはずだ。

　それからこの本には、「不確実性について持つ印象が、実際の確率とずれてしまう」ことの理由も書いてある。たとえば、事故とか故障とかの起きる頻度が、いわゆる「平均値」より頻繁に感じることなどが典型的である。この原因は第6章でわかる。もうひとついうと、「日本の家計の平均貯蓄額がおおよそ1100万円」と聞いて、みなさんはどう感じられるだろうか？　きっと「嘘だあ」というに違いない。でも事実なのである。実は、このような「印象と現実のズレ」も、さっきの事故や故障の話と根は同じなのだ。この答えも、第6章で与えられる。

　この本を最も実利的に読むなら、第5章が一番のお勧めだ。ここには、「標準偏差」について、普通の統計の教科書にはほとんど書かれていないネタを満載してある。読み終わったら、きっと、「なんだそうか、標準偏差って、そういうことだったんだ」と膝を打ってくれるに違いない。それまでは無意味な数字にしか見えなかった統計データが、格段によく「読める」ようになるはずだ。

　このように、本書には、「確率的思考が身につけば世界の見え方が一変するよ」、ということがあの手この手で書いてある。嘘だと思うなら、買って帰ってぜひ読んでみてほしい。（おっと、その手にははまらないよ、って思っていますね、では追い討ち）。

でも、著者にとって、本書で最もチャレンジングだったのは、「最新の確率の方法論」を紹介しようとした点だ。まだ一般書レベルには紹介されていないような確率理論を随所にちりばめてある。具体的にいうと、人間の推論形式に最も近いと評価されている「ベイズ推定」(第7章)、こいつはスパンメールを排除するソフトなんかに実用化されているので、とても身近なものだ。あと、「真似る」ことを数理化する「事例ベース意思決定理論」(第9章)。これはひょっとすると今世紀の確率理論の目玉に大化けする可能性がある。また、「柔軟性」というものを確率で表現する「内生的確率空間」の方法論なんかも紹介した(第9章)。

それらに加えて経済学の分野からも、「ランダムマッチングのゲーム理論」(第8章)とか、2004年にノーベル経済学賞を受賞した「動学的不整合性の理論」(第3章)とか、とても有名な「合理的期待形成の理論」(第7章)などを持ち込んである。名前だけ読むといかつくて難しそうだが、だいじょうぶ、本書では、美味しいところだけものすごくシンプルに解説している。読了したあなたは、最先端の確率理論や経済理論に、ちょっとばかりツウな人となることだろう。

リーズナブルな新書一冊で最先端の理論にまで触れられるのだから、それだけで元をとれてしまうはずだが、本当の仕掛けは別のところにある。つまり、読み終えたあなたは、人生のちょっとした選択を前にしてもこれらの理論を思い出し、それをヒントに今までよりほんの少しだけ熟考するようになるだろう。それがこの本に仕掛けられたサブリミナル効果なのだ。

さあ、ここまで読んで、この本を買うかどうか迷っていることと思う。まさに人生の選択の瞬間である。**あなたの前で、「この本を読んだ世界」と「この本を読まなかった世界」が分岐している。そして、あなたはその一方の世界にしか存在できないのである。**こういう選択について、いったいどう考えたらいいのだろう。

そう。**この本には、まさにそういう場面での意思決定のためのスキルが書いてあるのだ。**

I
世界は不確実性に満ちている

第1章

ツキに法則ってあるの？

私たちの身のまわりは、不確かなことがらで満ち満ちている。そうした**偶然に翻弄される日常生活の中で、不確実性を見積もりながら、適切な行動を選択するための科学、それが確率の理論であり、確率的思考である。**本書全体では、その考え方を新旧、硬軟とりまぜて紹介していくつもりである。まずそのツカミとして、読者諸氏がきっと最も関心を抱いているであろう、「ツキ」というものについての考察を述べることとしよう。

†どんな経済行動も、結局は賭け事なのだ

われわれの社会には賭け事がやまほどある。競馬・競輪・競艇・パチンコなどの公認ギャンブルはいうまでもなく、多くの人はあまり意識していないが、宝くじもロト6もりっぱな賭け事だ。

さらにいうなら、株を買うのも賭け事である。株の場合、配当（これは、企業がその利潤の一部を投資者である株主にバックする金額）がいくらになるかは企業の成績しだいだから、配当からの利益は購入時点では不確実だし、転売する場合にも、買値より値上がりしているか値下がりしているかは明らかに不確実だからだ。

保険はいうまでもなく賭け事そのものである。災厄という負の利益に対して、それが起きたときの損害をゼロないし、低い額に収めるために、保険というクジを購入するからである。災厄が起きた場合、本来なら自分で用立てなければならない莫大な損害金額を埋めあわせることができる、という意味で利益が出るから、（こういう表現を使うのは気が引けるが）これが「当たり」ないし「勝ち」に相当する。

こういう風に賭け事を「利益の不確実性」ととらえるなら、あらゆる経済行動は賭け事だといっても過言ではない。たとえば、定期預金などの貯蓄を考えてみよう。これは利子が事前に確定しているし、途中で解約しても元本と事前に知っている利子分が戻るから賭け事という気はしない。しかし、貯蓄の目的を、将来得られる「金銭」ではなく、将来得られる「消費の水準」だとした場合には、賭け事だといってもいいのだ。

なぜだろう。そう、物価はつねに変動している。たとえば、将来最新の薄型テレビを買おうと思って貯蓄していても、その間にひどいインフレーションが起こって、物価が上がり、貯金していた金額では最新テレビを買えなくなってしまったら、それは賭け事で負けたことと同じだといっていいはずだ。

こんな見方をすれば、経済社会におけるあなたの行動は、すべて賭け事だととらえることができる。すべての経済指標、たとえば商品価格、地価、貴金属の価格、賃金、ドルなどの外国通貨等々、これらの価格はすべて相対的なものである。つまり、絶対的に安定している価値などは何ひとつ存在しないのだ。したがって、**あなたが経済社会で生きていくことのすべてにおいて、必ず「賭け」の要素、つまり不確実性がかかわっている**といっても過言ではない。

†当たりの出やすい宝くじ売り場ってあるの？

このように「人生すべて賭け事」といっていい。その賭け事に、ジンクスや縁起を持ち込む人はあんがい多い。たとえば1等の出た宝くじ売り場に長蛇の列ができたりすることがいい例である。

過去に1等の出た宝くじ売り場で売られる宝くじが当たりやすい、という考えは「数学的には」ナンセンスである。宝くじに記載されている数字おのおのがみな同じ当たりやすさなら、どの売り場で買っても、当たりやすさは対等のはずである。

もちろん、「販売枚数の多い宝くじ売り場から1等が出やすい」ということは数学法則として正しい。1等が1枚しかないとして、売り場Aが1万枚売り、売り場Bが2万枚売るとすれば、売り場Bから1等が出る確率は、売り場Aのそれに対して2倍になる。これは当然である。しかし、このとき勘違いしてはいけないのは、売り場Bから買った「1枚の」宝くじそれぞれが売り場Aのそれより当たりやすい、というわけではないことである。くどいようだが、どの1枚も当たる確率は同じなのである。売り場Bは売り場Aに対して2倍の量を販売しているから、「売り場全体で見れば」、それに比例して1等が当たりやすくなっているのにすぎない。

当たり前すぎてばかばかしい、と思われる方は、確率をよく理解していらっしゃるのでもう読み飛ばしていいが、そうでない方(意外にこういう理解の人が多いと思う)のために追い討ちをかけておくことにする。

売り場Bで1等が出る確率は売り場Aのそれの2倍であるが、これは「あなたにとって売り場Bで買ったほうが、売り場Aで買ったときに比べて2倍当たりやすい」ということを意味しないのだ。これをスムーズに理解するために、今、宝くじ売り場はAとBしかないとする。このとき、1等が出る確率はBで3分の2、Aで3分の1である。しかし、Bでは2万枚、Aでは1万枚販売しているのだから、1枚の当たりやすさを考えるなら枚数で割らねばならない。Bで買った1枚が当たりである確率は2/3×1/20000＝1/30000で、Aで買った1枚が当たりである確率は1/3×1/10000＝1/30000となって同じなのである。

要するに売り場Bのほうが2倍当たりやすいが、販売枚数も2倍なので1枚あたりで考えれば、売り場Bで当たりが出たとしても、それが自分のものである確率は、売り場Aで当たりが出た場合に比べて半分になってしまう、ということなのである。

「確率」というのは、「濃度」と同じだと思ってよい。BのビンのほうにAのビンより2倍のアルコールが入っていても、酒全体の量も2倍ならアルコール濃度はどちらもいっしょということと同じだ。

以上のように、**宝くじが当たりやすい売り場などは**、「**数学的には**」**存在しない**。「それじゃ、1等がたびたび出る売り場はなんなんだ」と嚙《か》みつく方もいるかもしれないが、からくりは簡単だ。販売数が多いから、「売り場としては」当たりが出やすいにすぎない。

これは筆者の憶測だが、まず単なる偶然で1等が出る。すると1等が出たことで評判になり、縁起をかつぐ宝くじファンがわざわざその売り場で買う。それで販売枚数が増える。すると、その売り場での1等の出る確率はさらに高まる。したがって、また1等が出る。そんな仕組みになっているのにすぎないのではなかろうか。

†そうはいっても縁起買いに一理あり

前節では、当たりの出やすい宝くじ売り場などないことを切々と論じてきた。その舌の根の乾かないうちに手のひらを返すのは胸が痛むが、実は「縁起買い戦略」もむげには否定できない、と筆者は考えている。それはなぜか。

まずは、「完全な乱数を作るのは難しい」という意外な事実を知っていただきたい。**乱数**というのは、でたらめに発生させられた数のことである。たとえば、サイコロが精密に均整をとって作られたものであるなら、これを投げて順次作る数の列は、「乱数」になる。乱数とは、どんな規則性も見つからないよう並べられた数の列のことである。

ところで実は、この「乱数」というのを作るのがきわめて難しいのである。どんなにでたらめに数を発生させようとしても、その発生させる仕組みに固有の癖が関与してしまうことは否めない。さっき述べたように均整のとれたサイコロなら、乱数を発生させることができるのだが、そういうサイコロを作るのは至難の業だ。たいていのサイコロはゆがみを持っている。

たとえば、1の目が出る頻度が6分の1より大きい、という実験結果が多く報告されている。これは、1の目の彫り穴によってへこんでいる分が、裏側の6の目の彫り穴よりずっと大きくて、重心が6の目の側にややずれているからではないか、といわれている。その物的条件に加えて、投げる人の癖とか机の材質とかが、微妙に目の出やすさ出にくさに影響を与えもするだろう。

コンピュータで乱数を発生させるときも、何か決まった仕組みで作られる数列（つまり、ある数の次にどんな数が現れるかは何かの計算式から作られているってことだ）を、あたかも「ランダム」であるかのようにして利用していることが多い。「できるだけランダムに近い乱数」を物理的に作るには、金属を熱したとき発生する電磁波や放射性物質の核崩壊などを利用するしかないそうである。

つまり、大胆にいうなら、世の中において、「できるだけランダムに近い数列」なるものを低コストでは作れないのである。クジの当選番号決定では、その決定のために高いコストをかけることはできないに決まっている。核分裂を使っているなどという話は聞いたことがない。したがって、コンピュータを使おうが、回転する円盤に向かってミニスカートのお姉さんたちが弓矢を放とうが、完全なランダムネスは望めず、固有の「癖」がある程度生じることは十分ありうる。

とすれば、縁起をかついでクジを買ったり、番号の統計をとったりすることも、あながちナンセンスとは断じられないのである。だから、宝くじの当選番号決定に何か固有の癖があるなら、当選の出やすさが確率的に見ても高いような売り場がある、ということだって完全には否定できないのだ。

†美人に奇跡？

関連していえば、カジノにおいて演じられるルーレットやカードが、ちゃんとランダムに数字やカードを出している、などということはない。こう信じている人は、いい具合のお人好しで、カモになってしまうから、即刻ギャンブルから手を引いたほうが無難だ。ルーレットやカードを扱うディーラーという人びとは、基本的にマジシャンやジャグラーと同じようなテクニシャンであり、好きな番号に球を落とすことができるし、好きな順にカードを出すことができるのである（ルーレットには00という胴元総取りの番号があるのを見逃してはならない）。

これは人から聞いた話なので、信憑性のほどを保証はできないが、ちょっと面白いので参考にしてみてほしい。カジノでは、客に美人がいると、ディーラーはその女性に勝たせるように勝負を運ぶものなのだという。そもそもカジノに女性客は少ないし、美人とあればなおさらである。その美人が連戦連勝にあずかっていると、当然、その賭場に客がわんさか集まってきて、金を落とすから収益が上がる。だから、「演出」として、ディーラーはかなりの回数までその美人を勝たせて盛り上げるわけである。

筆者はこの話を聞いたとき、なるほど、と思った。「美人に奇跡」、これは確かに刺激的である。ギャンブル場の客は、単に金を増やすことだけではなく、強いエンターテインメント性を求めているだろうから、こういう「演出」が賭けを盛況にし、胴元を潤わせることは十分ありうることだ。

そんなわけで、もしもディーラーのこの演出の話が事実なら、あなたは「その美人にはツキがある」と思うことだろう。そして、縁起をかついで美人と同じ賭け方をすれば、（同じ賭けをする人が多くなく、ディーラーがまだ演出を続行する限りにおいて）稼ぐことができるだろう。背後にあるこのからくりを知らなければ、あなたは「縁起をかつぐ戦略が正しいから勝ったのだ」と信じることだろう。

このような賭けの「乱数外要素」は、他のさまざまな賭けにも内在していることと思う。だとすれば、縁起をかつぐのはそれなりに根拠があるといっても間違いではないのだ。

†どんな奇跡的勝利も偶然にすぎない（と信じる）

新聞の出版広告を見ていると、ギャンブルの勝者の書いた本がのきなみベストセラーになっていて、筆者としてはうらやましい限りである。株で億単位を儲けたとか、ロト6や競馬やパチンコで連戦連勝などという人の武勇伝である。この手の本には、こういう人たちの戦術の根拠が書かれているらしく、あやかりたい人が買っているのだと思う。儲けた話が本当なら、それに加えて印税まで稼いでいるわけだからかなりしゃくである。やっかみ半分で、ここに半畳を入れてみようと思う。

まず、いいたいのは、**賭けの勝利がどんなに奇跡に見えても、大量の人間が参加しているならそれは（誰かの身の上には）必然的に起こる**、ということだ。これは「大数の法則」の帰結である。「大数の法則」というのは、「同じ条件で、前の結果に依存せず次の結果が起きるような同一の確率現象は、膨大な数の試行がくり返されると、確率どおりの頻度で結果が起きる」ということだ。たとえば、サイコロが正しく作られたものなら、膨大な回数投げるとどの目も均等に6分の1の頻度で出る、というのである。これは数学法則であり、定理として証明されているのだ。

今、コインを10回投げて出る表裏の順番を予想するギャンブルをしたとしよう。この順番は2の10乗＝１０２４通りの可能性が対等に存在するので、当たる確率は１０２４分の1である。だからたとえば、正解が「表裏表表裏表表表裏表」だとして、この順番を正確に当てた人がいれば、奇跡を起こした人のように映るだろう。何か秘策があるようにも思いたくなるだろう。その人がテレビに出て、まことしやかに次のようなことをいえば、効果てきめんだ。

「わたしの必勝予想法はこうです。表が1回出ると次は裏、そのあと表は2回出て、また裏、次は表が3回出て、そして裏、そんな具合に進んでいくわけですね」。

しかし、この人がどんなもっともらしい理屈をこねようが、この人が当てたのは単なる偶然にすぎない。なぜなら、この賭けの参加者が5000人もいれば、誰ひとりとしてこの結果を予想しない確率は0・008程度にすぎないからだ（ある人が正解をはずす確率1024分の1023を、5000人分、つまり、1024分の1023の5000乗を計算すればいい）。当てる人が少なくとも1人は出る確率は99％以上なのである。参加者がもっと多くて、1万人にも達すれば、当てる人が少なくとも1人はいる確率はもっともっと高くなる。

もちろん、当てた本人、その親戚・友人、それをテレビで観た人には、奇跡を起こした人に映るだろう。それは参加者の全体像を把握していないからである。参加者全体から眺望すれば、99％以上の確率で誰かがでたらめに選ばれるシステムの中で、その人が単なる偶然で選ばれたにすぎない。他の誰かでもよかったのだ。

その人がどんな「秘策」を公開しようが、それには何の正当性も、たぶんない。誰かが確実に選ばれる中で、選ばれた人がたまたまその人だった、ということにすぎないからだ。

結果的に選ばれた人だけをピックアップし、その背後にいる同等の可能性を持っていた人たちは表に出てこないから、そこに何か「原因」や「秘策」や「才能」のようなものを付与したくなるのである。

†統計感覚のゆがみ

このとき大事なのは、「マスコミ」というものの存在効果である。

われわれはマスコミによって、普通は目にしないような人物を目にすることができる。もしもこのテレビ放送がなければ、「賭けの勝者はどこかあずかり知らぬ場所にひっそりと存在しているのだろうなあ」程度にしか認識できないはずだった。その人物は身近な人物ではなく、単なる「統計的な存在」にすぎない。けれども、**マスコミがその人を「具体化・情報化」することで、その人の存在には「何か統計を超えた意味がある」ように思わせてしまう**。これこそが、マスコミの怖い点でもあり、もちろん存在意義でもある。

このことは、ニュースが人びとの危険認識をゆがませてしまうことからも想像できる。確率からいえば、飛行機事故で死ぬことは、交通事故で死ぬことに比べて相対的に微小な確率にすぎない。けれども、自動車事故ではニュース性がないからその実際の頻度ほどには報道されないが、飛行機事故はほとんど必ず報道される。すると、人びとは自動車には平気で乗っても、飛行機には臆することになる（恥ずかしながら、筆者がそうだ。頭では前記のことがわかってはいるのだからもっと情けない）。

最近の話題でいえば、BSE問題で牛肉が売れなくなってしまったりするような奇妙な現象も、マスコミによる「統計感覚の喪失現象」のひとつとしてあげられる。BSEにかかって死ぬなど、それこそ「奇跡の大当たり」なのに、人びとはこれを「自分にも容易に起こりうること」のように錯覚する。賭けの勝者を特別才能視することと、この話はちょうど裏返しなのである。

出版もマスコミの一種である。だから、出版物によって吹聴《ふいちょう》される「株の勝者による投資戦略」などというものも、筆者には眉唾《まゆつば》に思える（いや、負け惜しみでそう思いたいのだから、ほっといてくれ）。

もちろん、プロの機関投資組織は、個人よりも好成績を上げているだろう。そうでなければ企業として淘汰されてしまうはずだからだ。しかし、それはコストに相応した収益であって、「必勝法」などというものではない。勝ち負け拮抗の結果の中で若干勝ちがまさるようなメソッドを持っていて、投資金額が半端でないから収益を上げられるのに違いない。本で吹聴される「常勝のテクニック」とは全く別種のものなのだと思う。

くり返すが、筆者は「株の必勝本」などは信じない（信じたくない）。株で勝ち続けた人は、その人だけ見れば奇跡に思えるが、膨大な参加者の中には必ず存在するものである。出版社がその人を探し出し、本を書かせ、まことしやかな戦術が提出されれば、それはもっともらしく見えるのだろう。が、結局のところ、「誰でもよかった勝者」を探し出し、根拠のない戦術を記述させたものにすぎない。だろう。たぶん。もちろん、本としての娯楽性があるなら、そこに商品価値があることはいうまでもなく、出版社を批判するつもりは毛頭ないことは言い訳として付け加えておく。

†エコノフィジックスの可能性

「完全な乱数」がないことを理由に、賭けの結果には固有の癖があってもおかしくないことは、前に話した。では、株ではどうなのだろう。株価格の上下動には何か法則性がないのだろうか。このことには諸説がある。中でも面白いのは、物理理論を利用して、株式市場における価格波動の特徴を解き明かそうという「**エコノフィジックス**」という分野が最近盛んになってきたことである。

エコノフィジックスというのは、economics（経済学）とphysics（物理学）を合体した造語であり、1997年にブダペストで開かれた研究会のタイトルとしてはじめて登場したらしい。この分野の特徴は、経済現象を物質現象の一種として解明することにあり、とりわけカオスやフラクタルなどの「複雑系」と呼ばれる現象に関する物理理論を応用することにある。

これがなぜ新しいかというと、従来の経済学やファイナンス（資産運用）では、株価格の変動を物質現象などと、とらえたことはなかったからである。株を取り引きするのは「人間」である。人間なのだから、あくまで得をしようとして、株を取り引きしているに決まっている。また、将来の動向を読むのにも、利得の最大化を目論むさまざまな他者のことを考慮して論理的なあるいは戦略的な推論をする。このような「最適行動における推論」を基礎とするのが、従来の資産市場の分析の仕方である。

一方、物理が対象とするのは、「物質」である。物質には「脳」もなければ「心」もない。だから物質は、得したいとも思わなければ、未来を推測したり、他者の心理を読んで裏をかいたりすることもない。そのような物質の起こす現象にあてはまる物理理論を、資産市場にもあてはめよう、などという発想がなかったのは自然なことである。

ところが、株式市場を眺めていると、どうも物理現象と類似のことが起きているようにも見えることがわかってきたというのだ。

物理学には、「統計力学」という分野がある。これは、熱現象を膨大な分子たちの運動によって説明する分野である。その際、ニュートンの力学法則とともに、統計法則も利用される。株式市場に参加する人びとの行動を、分子の運動に置き換え、株価を圧力や温度に置き換えれば、確かに株式市場で起きる現象は、統計力学で分析されるかもしれないな、とは感じられる。

たとえば、株価の変動は、**「ブラウン運動」**に近いことが観測される。ブラウン運動というのは、水中の粒子に水分子が小刻みに衝突して、粒子がふらふらと上下左右に確率運動をする現象である。アインシュタインが分析したあと、ウィナーなどによって定式化された。このブラウン運動には「フラクタル性」があることが証明されている。このフラクタル性というのは、「どんな小さな部分をとって拡大してみても、それは全体像と瓜ふたつ」という性質である。フラクタルは、雪の結晶や海岸線の曲線などに見出されていたが、マンデルブローという数学者が、株価の変動にフラクタル性を指摘して大騒ぎになった。

また、物質の状態が突然変化する「相転移」という現象がある。水が凍ったり沸騰したりすることなどが一例だ。この「相転移」も、株式市場で観測される。暴落やバブルがそれである。

このように、株式市場における株価の変動についてのいくつかの特徴は、経済学的な均衡理論よりも、物理的な現象として解析したほうがうまく説明できそうなのである。したがって、伝統的な経済理論ではなく、物理学者の視点から株式市場を解析する方法論が試されている、というわけなのだ。

†株式市場のミクロとマクロ

このようなエコノフィジックスに可能性はあるのだろうか。

筆者の感触だと、物理学の成果をそのまま輸入しても、うまくいくかどうかは、はなはだ疑問である。さきほど述べたように、人間というのは、相手の出方を想像して、裏をかいたり、尻馬に乗ったりする。その意味で物質的ではないからだ。しかし、物理学が統計力学で熱現象を説明した、その「思想」そのものは、かなりのインパクトをもたらす可能性がある、と思っている。

統計力学というのは、物質の熱現象を、その物質を構成する一個一個の分子たちの、運動の帰結として説明するものである。たとえば、気体というのは、それを構成する膨大な数の（1の後に0が23個もつくケタ数の）分子が、あっちこっちに飛行したり、壁にぶつかって跳ね返ったり、分子同士で衝突したりすることで形成されている。それらの運動が引き起こす力学現象が熱現象として観測されるのである。

ここで一個一個の分子の運動は、ニュートンの力学法則（「力は加速度に比例する」とか「作用反作用の法則」とか）に支配されている、と仮定される。だから、そういう意味では、分子たちの運動は現在も未来も完全に決定されたものである。しかし、これだけ膨大な数の分子があると、ニュートンの法則（これは微分方程式で与えられるのだが）を緻密に解くことは不可能である。そこで統計力学では、「統計学」を適用して、ニュートンの法則の代用にする方針をとった。

たとえば、特定の分子がいつどこを飛行しているかを特定することは至難の業であろう。しかし、全体を見渡せば、おおよそどの空間にも同程度の数の分子が均一に飛行しているだろう、ということは統計的に自明な感じがする。分子が数個しかないと、偏りがあったりするかもしれないが、何しろ想像を絶する膨大な数の分子があるのだから、統計的にはまんべんなくどの場所にも同程度存在していてもおかしくない（いやこれは、本当は簡単な話ではないのだけどね）。そして、この統計法則を仮定しさえすれば、熱現象の説明は実用程度にまでは可能になるのだ。かなりはしょってしまったものの、統計力学とはこんな風な学問である。

さて、株式市場にも想像を絶する数の参加者が存在する。個々の取引者は、それぞれ固有の思惑と利害関係と戦略を持っているだろう。だから、それぞれの取引者の持っているその固有性の絡み合いから、市場にどんな動学がもたらされるかを解くのは至難の業《わざ》である。このことは、気体の運動の場合と同様だ。

しかし、それだけ膨大な数の参加者がいるなら、そこになんらかの統計法則が働いていてもよさそうである。その統計法則は、個々の戦略の特異性とは(たとえ、それから演繹されるにしても)、見た目にはぜんぜん似ても似つかないシンプルさを備えているに違いない。そのシンプルな統計法則を発見できれば、株式市場のさまざまな法則を説明することも可能になり、運がよければ、ひと儲けすることもできるだろう。エコノフィジックスにはそのようなチャンスがあるかもしれないなと、その程度には期待している、というのが正直なところである。

さて、以上の観点を、「賭けに現れる癖」のことから論じ直してみよう。

筆者は前のほうの論説で、「株の天才などというのは、誰でもよかった中から偶然選ばれた人物を、マスコミがもてはやしているにすぎない」と断じた。しかし、株式市場の価格の上下動には固有の癖があるかもしれない。そしてその癖が利用可能なタイプのものなら、その癖を生理的に(動物的な勘で)読みとることのできる人物が存在しても不思議ではない。そして、そのような人物が株長者となるのはありうることだとも思う。

ただ、早とちりしてはいけないのは、そのような癖は簡単に数理的に表記できるものではありえないだろうから、一般人に真似をすることはできない、という点だ。その手の動物的勘というのは、スポーツ選手の動体視力とか、音楽における絶対音感とか、ソムリエがワインを見分ける味覚に似たものであり、先天的な感覚に依拠するだろう。とすれば、秘訣《ひけつ》を公開することは不可能だし、真似ることも無理なんじゃあるまいか。誰にでも利用可能である方法論を、「必勝法」という。そういう意味で、**株取引には「技能」はあっても「必勝法」は存在しないに違いない。**

†ランダムウォークとマルチンゲール

株式市場の価格の上下動を一種のブラウン運動として見る研究があることを述べた。もしこの仮説がある程度正しいなら、株取引について数学法則がもたらす知見がいくつかあるので、紹介しておくことにしよう（松原望『入門確率過程』東京図書などが詳しい）。

ブラウン運動を最も単純化したモデルに、「**ランダムウォークモデル**（酔歩モデル）」がある。これは、ある人物が1分に1回、確率2分の1で右に1メートル、確率2分の1で左に1メートル動くことをくり返していく様子を描写したモデルである。酔っ払いがちどり足で歩く姿に似ているので「酔歩」という名がついているわけだ。これについては、N分後に出発点から右に（あるいは左に）xメートルの場所にいる確率を求める簡単な計算方法が知られているのである。

このモデルを利用すれば、株式市場の値動きのシミュレートができる。企業業績を反映した実態的な株価を出発点に見立てて、取引者の思惑や推測によって、そこからランダムウォークと同じ確率現象が引き起こされ、取引価格が実態的価格からずれてしまう、そういうモデル化で、株価をランダムウォークに見立てることができる。

たとえば、ある銘柄の株が1分後に確率2分の1で1円値上がりし、確率2分の1で1円値下がりすると想定してみよう。このとき、5分後に現在の価格から5円高くなる（つまり1円ずつ高い価格での取引が5回連続で起きる）確率は、32分の1と見積もることができる（2分の1を5個掛けて求められる）。あくまでもシミュレーションであるから、現実とどの程度似ているかは議論の余地が大いにあるが、シミュレーションだと納得したうえで導出されるいろいろ法則を参考にする分には、それなりの知見が得られる。

まず、ランダムウォークが「**マルチンゲール**」という数学的な性質を備えていることを理解するのは、たいへん有意義である。マルチンゲールというのは、「その確率現象が過去にたどってきた足取りをどんな風に利用して推測しても、未来に生起する数値の平均値はいま現在の数値そのものである」という性質のことだ。もっと簡単にいうと、「**過去のデータをどんな風に利用しても、未来の自分の結果を有利にすることはできない**」ということなのである。

たとえば、賭けで次のような戦法を必勝法として信奉する人をよく見かける。まずx円賭ける。負けたら掛け金を倍にして2x円賭ける。さらに負けたらまた倍にして、4x円賭ける。勝ったら、最初に戻ってx円を賭ける……。マンガ家・西原理恵子が「倍倍プッシュ作戦」と名づけているものである。

この戦法では、「今まで何回連続で負けているか」という過去のデータを利用して、次の賭け金を決めている。ところが、賭けがマルチンゲールである限り、これを含めどんな「過去のデータを利用した戦略」を使っても、期待できる平均の利益はゼロである。だから、株価の動きがランダムウォークである限り、過去のデータを穴のあくほど見つめたって、有利な予測を立てることはできない。骨折り損になるだけだ。

†ツキの根拠

これを聞くと、がっくり肩を落とす投資家諸氏も多かろう。それじゃ、ランダムウォークによるシミュレーションなんて、何の足しにもなんないじゃん、と落胆されるかもしれないが、そうでもない。いくつか、有意義な数理的性質も演繹できるのである。

ランダムウォークを投資者の資金の浮き沈みに模してみる。たとえば、ある銘柄の株を1万株買って1分後に売る戦略を考える。今のモデル(1分で五分五分の確率で、1円の値上がりか値下がり)の場合、値上がりすれば1万円儲かるし、値下がりすれば1万円損をする。株取引用の口座に置いてある資金をX万円とすれば、1回目の取引後に資金はX＋1になるか、X－1になるかし、2回目の取引後にはX＋2になるかXに戻るかX－2になるかである。以下同様に考えていけば、口座に置かれている資金がXを出発点とするランダムウォークでシミュレートされることがわかる。

このとき、ランダムウォークの数学理論から、まず次のことがわかる。それは「口座の資金が元のXに戻ることがくり返し起きる」ということだ。結局、勝ち負け公平な勝負をしているのだから、永遠に浮いた状態にあったり、永遠に沈んだ状態になったりすることは難しく、長い時間がかかるかもしれないが、いずれ元手の資金状態に復帰する、そう数学法則が約束しているわけである。さらには、そこからまた同じことがくり返されるので、このような「元手復帰」が無限にくり返されることになる。

だからこそ**「勝ち逃げ」は大事な戦略**だとわかる。ちょっと運用に成功して、自己資金が浮いたとき、もうちょっととばかり取引を継続すると、いつか負けがこんで原点復帰してしまう、そう数学法則が約束しているからだ（もちろん、数学的な時間単位であって、人生の時間単位でないかもしれないのだけどね）。

さらには次のようなことも数学法則は語っている。

「くり返し元手復帰するからといって、元手のまわりを行ったり来たりするわけではなく、元手より大きいことが継続的に続いたり、元手より小さい状態が継続的に続いたりすることのほうが一般的な環境である」。

これは、**「ツキ」とみなされる現象が迷信ではないことを指摘している法則ともとれる。**元手資金Xのまわりを行ったり来たりしながら原点復帰を激しくくり返すなら、勝ちのあとに負け、負けのあとに勝ち、という具合にめまぐるしく勝ち負けが入れ替わる。これなら、「ツキ」など感じることはないだろう。

しかし、数学的にはXから浮いた状態が長く続いたり、逆にXからへこんだ状態が長く続いたりすることのほうが常態だと説明されているのだ。だから、このような長期的な一定状態の傾向に遭遇したとき、投資家は「今がツイている」とか「ツキに見放されている」とか思うのかもしれない。というか、これをして「ツキ」と定義するなら、たしかに投資には「ツキ」というものが存在しているといってよいだろう。

†金持ちとは勝負をするな

最後に、ランダムウォークの数学法則から知られる、最も重要な「人生哲学」についてお教えしておくことにする。それは、

「決して、金持ちには勝負を挑むな」

ということである。ランダムウォークの性質について知られる有名な法則に「破産問題」というものがある。これは、「壁つきランダムウォーク」と呼ばれるモデルだ。普通のランダムウォークは、出発点からどんなに離れても継続されるが、このモデルでは「終点」が用意されている。出発点から右にxだけ離れた壁に当たるか、左にyだけ離れた壁に当たるかしたらストップする、というルールを設けるわけだ。

まず、確率1でどちらかの壁に当たってストップすることが理論によって示される。xやyがいくら大きくても、数学的には「有限回」で必ずストップするのである（言い換えるなら、xとyの間を無限に行ったり来たりすることは起こらない、ということ）。さらに、右左どちらの壁でストップするかの確率の比は、そのまま x：y となるのである。このことから投資家は何を教訓にできるだろうか。

今、資金100万円のあなたが、資金100億円の機関投資家（あるいは大金持ち）とひと勝負1万円の丁半ばくちをすることを考えよう。この場合、あなたが相手より100回多く負けた時点で、あなたは資金を失い破産することになる。これは右のランダムウォークモデルでいうと、x＝100の右の壁にあなたがついたら、あなたが破産することを意味している。同様に左の壁はy＝100万のところにあって、そこについたら金持ちの破産を意味している。ランダムウォークの法則が教えるのは、あなたの破産確率は金持ちの破産確率の1万倍である、ということである。つまり、1万回勝負してやっと1回勝てるかどうか、そのくらいあなたは不利なのである。これじゃあ、人生が何回あっても勝てるわけがない。

この教訓は冷徹なものである。1回1回の勝負自体は公平で五分五分のものであるとしても、「資金がなくなるまで」というルールで勝負したら、貧乏人は金持ちにはほとんど勝てないのである。短期の株式投資（買ってすぐ売る、という手法で、投機と呼ばれるやつ）というのは、丁半ばくちみたいなものだといっていい。いくら借金が可能だといっても、個人の信用には限界がある。無限に借金ができるなら、どんな相手との丁半ばくちも公平な賭けだといえるが、資金に制約がある限り公平ではありえず、貧乏人は決して金持ちにはかなわないのである。これは数学法則から導かれる人生哲学なのだからしようがない。

確率法則ってなに？

†でたらめにも法則がある

第1章では、「ツキ」について、科学的な立場から分析をした。そこでは、面白さを優先するため、「確率」ということばを説明抜きで利用してしまった。そんなわけで、この章では、ちょっとだけ、「確率とは何だ」ということに寄り道しておくことにする。

人間社会や自然環境で起こる多くの現象は、偶然や不確実性に左右される。結果はでたらめ（不確実）で、完全予測は不可能である。もちろん、惑星の運行のように秒単位で予言可能な自然現象もあるが、こういうものは例外中の例外といっていい。われわれが遭遇するほとんどすべてのできごとについて、その結果をひとつに絞り込むことは無理難題なのである。だからこそ、人生はままならない。

しかし、人間というのはエライもので、「世の中でたらめさ」といって放り投げてしまったわけではなく、めげずに「でたらめにも法則がある」ということを発見したのである。「でたらめ」というのは、それこそ「規則のないこと」であるから、この表現は矛盾しているように見える。しかし、そうではないのだ。規則はなくとも法則はあってよい。**「でたらめに起きるできごとの持つ法則性」、それこそが「確率法則」というものだ。**

具体的には17世紀の天才数学者パスカルが、ばくち打ちから賭けに関する質問を受け、それをフェルマーというこれまた歴史に名を残す数学者と議論しながら解明していったことから確率法則の探求は始まった。その後、ラプラス、ド・モアブル、ベルヌイ、ガウス、コルモゴロフなどのそうそうたる数学者たちが、確率理論を精力的に研究し、19世紀から20世紀にかけて大きな進展を成し遂げたのである。

それらの成果は、統計学の分野ではフィッシャー＝ネイマン統計や、ベイズ統計へと発展した（ベイズの話は、第7章で出てくる）。かたや物理学の分野では、統計力学、量子力学という非常に重要な分野への応用がなされた。はたまた生物学の分野では数理遺伝学に利用され、遺伝法則に革命がもたらされた。さらには実務の分野でも、ファイナンス、保険など、さまざまなビジネスで取り扱われている。

21世紀の現代は「確率論の時代」と呼んでもいいほど、社会のすみずみまで確率論の技術が利用されているのである。もちろん、学校においても確率は必修事項とされ、市民の基礎的教養の地位を築いているのはいうまでもない。

†確率感覚をみがけば、世の中が面白くなる

しかし、確率を大好きだ、という人はあまり見かけない。そういう「学校で教えられ、テストで判定される」教養の座についてしまったがために、確率にアレルギーを持つ人も多くなってしまったのであろう。これはまさに学校教育の弊害である。

ここで、読者のみなさんは考え方を変えてみてほしい。学校でのことは、悪夢として忘れようではないか。気は持ちようである。でたらめの中の法則というのが、どんなものか、身のまわりのどこに見出すことができるか、そういうことがわかれば、これはがぜん確率が楽しくなるはず、そんな風にひらきなおってみようではないか。

実際「**でたらめについての法則**」**を知らなければ、人生というのは、ただただ「運命に翻弄される」だけのものになる**。そういう人生は切ない。しかし、「でたらめについての法則」を活かせるなら、運命はぜんぜん違うものになる。なんらかの手を打つことが可能かもしれないからだ。最終的には「運命」を変えることはできない場合であっても、運命の背後に何があったのか、それを理解できただけでも気分的に納得しやすいだろう。

†だから確率法則の理解はだいじなのだ

一例をあげよう。時代劇などでご存知のように、江戸時代には、サイコロを2個投げて目の和が偶数か奇数かに賭ける「丁半ばくち」が一般的だった。このとき、庶民の間では奇数である「半」に賭けるよりも、偶数である「丁」に賭けたほうが有利だ、ということを信じていた人が多いそうである。その理由は簡単で、「丁は{2,4,6,8,10,12}の6通りあるが、半は{3,5,7,9,11}の5通りしかないから」というものだ。読者はこの理屈をどう思われるだろうか。

実はこれが全くの誤解にすぎないことは、簡単な確率法則からわかる。図1を見てみよう。

これはサイコロ2個の組み合わせ全36通りを列挙し、それぞれの目の和を表にしたものだ。この36通りは、どれかがどれかより出やすいとは考えられないから、どれも全く対等に出ると

目の和	⚀	⚁	⚂	⚃	⚄	⚅
⚀	2	3	4	5	6	7
⚁	3	4	5	6	7	8
⚂	4	5	6	7	8	9
⚃	5	6	7	8	9	10
⚄	6	7	8	9	10	11
⚅	7	8	9	10	11	12

図1　サイコロの目の和

考えていいだろう。そうすると、眺めればわかるように、和が偶数（丁）のものも奇数（半）のものも全く同数の18通りずつである。つまり、丁も半も出やすさは対等なのである。

したがって、「半が有利」と思ってそれに賭けていた庶民は、結局は五分五分の勝敗にあずかったことと思う（もちろん、これは胴元にイカサマがない、という前提での話である）。このことを心得ていた博徒は、少なくとも迷信に左右されて、つまらぬ疑い（胴元の公平さに対する疑惑）を持たずに済んだはずだ。この例だけでも、確率法則は、たとえそれが初歩の初歩であったとしても、賭けに参加するための十分な心構えとなりうることが想像できる。

この丁半ばくちへの誤解は、結局賭けが公平だから、得はしないものの損でもないから、たいして失敗というほどのものでもない。しかし、**確率の知識がないがゆえに、大きな損失、あるいはボッタクリに遭遇することだって十分考えられる。**現代の確率ビジネス社会においては、なおさらだ。現代人だからこそ、せめて最低限の確率知識は携帯しておきたいものである。

†「確率とは何か」のあれこれ

ところで、「確率」といっても、そもそもそれが何であって、どう決まってくるのか、それを簡単に説明するのは難しいのだ。

おおざっぱにいうと、「できごとの起こりやすさを区別する手立て」といっていいのだが、それで終わったら何の役にも立たない。だからもう少し言及の精度を上げるため、「できごとAの起きる確率はp」という感じで用いるのだが、この文章が意味するところが何であるかをきちんと説明できる人はあまりいないだろう。字面通りに読めば、「Aというできごとの起こりやすさを数字で表すと、それはpである」というわけだが、ここでいう「起こりやすさ」とは何のことなのだろうか。そして、それを表す数字pというのは、いったい何だろうか。これをどのように説明するかで、確率をとらえる立場が決まるといえる。

その「確率」をとらえる立場で代表的なものは、おおざっぱに4種類あるといえるのだ。順に説明することとしよう。

†対称性から確率をとらえる流儀

最初のとらえ方は、なんらかの「数学的な対称性」を基本に据えるものである。代表的なのは、サイコロやコインやカードを道具として、確率を表現するもの。学校で習う確率というのは、ほとんどがこれだ。

たとえば、「サイコロで1の目が出る確率は6分の1である」というのが基本的な使い方なのだが、ここには「サイコロの立方体という形状」が念頭にあるといっていい。立方体の6面は、数学的には完全な対称性を持っている。どの面も他の面と差異がない。だから、6つの面のどの目が出る可能性も対等だと考えよう、というわけだ。可能性の基本量を「1」として、それを6等分すれば6分の1であるから、どの目の出るできごとにも可能性を表す数値として6分の1を割り当てようというのである。

これは、コインやカードでも事情は同じである。前者には2面の対称性が、後者には52枚の対称性が働いているのである。このような見方で確率をとらえる場合、「起こりやすさ」とは「場合の多さ」である。そして確率とは、できごとAの場合の数が、全体の何パーセントを占めているか、を表している。

このような見方においては、確率というのは「理想的」で「抽象的」なものだということになる。幾何学における「点とは幅も面積もなく……」といった「イデアの存在物」と同じである。つまり、現実のサイコロは、重心の偏りがあるだろうし、コインにはゆがみがあるだろうから、厳密にいえば「完全な対称」ではないはずである。そういう意味で、この流儀は現実離れしたものだといっていい。人間の想念（イデア）の中にしかないものなのである。そんなわけでこのような確率を、「**数学的確率**」と呼ぶこともある。

†データから確率をとらえる流儀

さて、以上のような対称性に依拠した数学的確率は、定義しやすいが現実的な汎用性に欠けるといっていい。現実のサイコロやコインは厳密にはいびつである。また、世の中のおおよそのものごと・できごとには対称性などない。こういう場合、できごとの「起こりやすさ」を区別するためには、さっきの方法は使えない。

では、どうするのか。

そう、実は誰もが普通にやっていることだ。つまり、たくさんのデータを集めるのである。たとえば、「機械が故障する確率」というのを知りたいなら、機械を運転するたびに、正常に動いたか、故障したか、それを記録しておく。100回の運転で7回故障した場合、確率を100分の7（0・07）とするわけだ。このようにデータを基本に据えて確率を分析するのが統計学という分野である。

統計から確率をとらえる方法を「**頻度主義**」という。注目しているできごとが、データの中に占める割合を算出して、それを確率とするのである。つまり、「起こりやすさ」とは、データの観測頻度であり、その相対頻度を確率pととらえる。

この方法が、合理性を持っていると考えられるのは、第一に、「環境が変わらない限り、同じようにたくさんのデータをとれば同じ比率でできごとが観測されるだろう」と期待できることである。これは多くの人にとっての経験則であろう。さらには、さっき説明した対称性を背景とした確率の決め方とも整合的であることが実験で確かめられる。たとえば、サイコロを6万回ぐらい投げて1の目がどのくらい出るかを調べると、おおよそ1万回程度となる。

このような頻度主義は、物理学や生物学（の一部）など、実験をくり返すことのできる学問とは相性がいい。多くの法則が頻度観測によって発見され、また、実証されたのである。

しかし、これも万能とはいいがたい。まず、いくら大量にデータをとる、といっても、そこから算出される確率は、いつまでたっても「仮のもの」であり、「まがいもの」にすぎない。有限回である限り、偶然のゆらぎから逃れられないからである。

さらには、100回のうち7回故障が起きたからといって、どうして「次の1回の」運転で故障することの起こりやすさと正常に作動することの起こりやすさの比が、7：93になるのか、よくよく考えると飛躍があるような気がする。

さらには、この方法は「いくら実験しても環境が変わらない」できごとにしか適用できないのも困りものだ。たとえば、ビジネスの置かれている環境は、つねに歴史という名の環境変化にさらされたものである。バックボーンが同一、などということはありえない。こういうケースには頻度主義は有効性を全く持たないといっていい。

†主観的・心理的に確率をとらえる流儀

数学的確率にも、頻度主義の確率にも、適用の限界があることがわかった。とりわけ、日常生活やビジネスには全く役に立たないといえる。そんな反省から編み出されたのが、「人間の内面的な主観」から確率を描写しよう、という流儀である。つまり、「私は、このできごとの起こりやすさをpだと思う」、その数値pをして確率を定義するわけなのだ。

たとえば、ある人が「十中八九だいじょうぶです」といった場合、この人は「自分の経験では、10回のうち8割9割のデータで大丈夫でした」といっているわけではない。あたりまえだ。そんな奴とはいっしょに仕事をしたくない。このことばが意味するのは、「絶対とはいえないが、よほどのことがない限り大丈夫です」ということである。ここでの「十中八九」という数値が、**主観的確率**なのである。

つまり、「できごとAの起こりやすさの程度はp」とするのではなく、「できごとAの起こりやすさの程度はpだと思う」とするのである。そういう考え方がサベージという人によって提示された。1950年代のことである。

サベージは、「人の不確実性下の行動があるいくつかの規則を満たしている場合、それは通常の数学的な確率理論と整合的である」ということを証明した。つまり、確率というのは人の心理の中にあるもので、行動を通じて表に出てくる。その行動がある規範を満たしているなら、通常の数学的確率の法則と整合的であり、確率理論を使って人の行動を理解していい、と説明したわけである。このような考え方を「**ベイズ主義**」という（ベイズ主義は、あとの章で詳しく解説する）。

このベイズ主義のいいところは、**データがなくても対称性がなくても、置かれている環境が変化していても、適用できる**、ということだ。だから、**主に人間行動とかビジネス戦略とかを分析するのにもってこい**なのである。

もちろん、あえて口に出すまでもないような弱点がある。そう、「いいかげんだ」という点である。このような確率は、人間の心理や主観なんだから、単なる根拠薄弱な「思い込み」にすぎない。つまり、**主観的確率は決して「正しい」推測ではない**のである。しかし、「正しい」推測と、口でいうは簡単だが、「正しい」とはなんであるかをよくよく考えてみると、非常に難しい問題だとわかる。このことについては、本書の最後で触れることにする。ともかく、不確実性というものが、「人が感じる」ものである限り、それを心理的にとらえ数学化して理解することは、それなりの有用性を持っているはずである。

†論理学で確率をとらえる流儀

最後の確率のとらえ方として、論理学からのアプローチをあげよう。

「できごとAの起こりやすさはp」ということを、「それはなぜか？」という「理由」「根拠」に依拠させるのである。たとえば、われわれはよく「今年のプロ野球の優勝チーム」のことを議論しあう。このとき「チームGが優勝する確率は低い」などというが、その根拠に、対称性や頻度を持ち出すことなどはほとんどない。対称性はいうまでもなく、頻度も信用できないからだ。野球チームは、年々選手も監督も変わっている。選手の年俸も年齢も変化している。そんな中で、過去のデータなどが有効だとは考えられない。

こんなとき、われわれが推論の根拠とするのは、「xならばy」とか「yかつzならばwではない」といった、固有の「論理」である。たとえば、「監督と主力選手の相性が悪いからダメだろう」とか、「あの選手は前の球団からトレードに出された恨みから、前の球団に対しては、いい成績を出すはずだ」とか、そういった一連の理屈を積み上げて、球団Gの優勝確率を見積もるのである。

このような方法を「**論理的確率**」という。「できごとAの起こりやすさはp」というのは、論理的確率においては、できごとAをもっともらしく説明するような根拠がどのくらいあるか、どのくらい説得力があるか、ということである。

実はこのような考え方は、通常の数学的確率よりも歴史が古いとされている。そもそも「確率」を意味する英語 probability の語源が、provable という「証明可能」を意味することばとされている。

たとえば、ニュートンと同時代(17世紀)を生きた数学者ライプニッツは、確率を「証明可能性」ととらえていた。法学者でもあったことから、それはなるほどと思える。裁判では、被告人が有罪か無罪かは、最後まで不確実性を持っている。したがって、「証拠」を積み上げて、その証拠の信憑性から推測を下すしかない。そこにあるのは論理学なのである。その後の経済学者かつ数学者のケインズやラムゼーも、確率に対してこの立場をとっている。いうまでもないが、確率を論理学でとらえる流儀も、不確実性を人間の心理や主観と考える前節の立場だといっていい。

確率は論理だといわれるととまどう読者も多いと思うが、そもそも論理と確率には推論として似かよった部分が多い。一例をあげるなら、乙一の短編小説「未来予報　あした天気になればいい」(『さみしさの周波数』角川スニーカー文庫所収)にこんなエピソードが出てくる。主人公の男の子と彼がひそかに恋している幼なじみの女の子には、共通の親友がいる。この親友は、未来を覗《のぞ》く超能力を持っている。その親友がある日、2人に対してこんな予言をするのだ。「おまえたち2人、どちらかが死ななければ、いつか結婚するぜ」。

これは、形式的には「Aでないならば、Bである」という論理学の言説になっている。しかし、乙一が背後にこめている意味は、これが確率的推論だ、ということなのである。「Aでないならば、Bである」ということを、確率のことばを使って表現するなら、「未来にはAかBかどちらか一方が確実に起きる」ということだ。つまり、この2人の運命として親友が覗き見た未来は、「どちらかが死ぬ」というできごとと「結婚する」というできごとの二者択一なのである。予知能力がある親友にもその一方に未来をしぼりこむことができないだけなのだ。まさに不確実性とはそういうものだ。そして、この物語は切ない未来の結末に進むこととなるのである。

論理学によって確率を記述する方法は未開の段階で、現在も研究が進行中である。22世紀には、この方法論が、不確実性の記述として最もポピュラーなものとなっているかもしれない。

†結局、確率というのは生ものなのだ

以上のような4種類の確率に関する相異なる視点を与えられて、読者はかえって混乱し

たかもしれない。けれども、その混乱というのは、実はふさわしい姿勢なのだ。

確率というのは、ユークリッドの幾何学とか整数論とか微分積分というような、定番が確立されている「古典」とは違うのである。そういう格式の高い古典ではなく、いってみれば「生もの」なのだ。いまだに、既存の考え方が批判され、新しい考え方が提示されている日進月歩の学問なのである。そういう「ホットな」分野だという自覚を持って、本書のこれから先を読んでいただければ、数学が、融通の利かないでくのぼうではなく、十分にエキサイティングでアップ・トゥー・デイトな面もあるのだと知っていただけることと思う。

第3章

確率だって使いよう

†不確実性は単なるヤッカイモノではない

不確実性といって、すぐにイメージするのは、「思わぬ災難」だろう。予期せざる事故、病気、失業、われわれはいつもそれらに脅えている。前兆がわかればいいのだが、人生最大級の災厄はそれこそ「忘れた頃にやってくる」のが常だ。

ギャンブルには「不確実性」がつきものだが、ここでも不確実性そのものに好感を持っている人はおるまい。もしも、未来が確実に予想できれば巨万の富を得られる。データどおりにことが運んでくれるなら、何も迷うことはなく全財産を賭けに突っ込める。そもそも「不確実性」があるからこそ、ギャンブルが成立するわけなのだが、それでも人はギャンブルを操る「きまぐれな女神」とやらに戦々恐々とするものなのだ。

このように不確実性はたしかにヤッカイモノだ。しかし、ちょっと待ってほしい。気づいている人は多くないかもしれないが、**人間はこの「不確実性」を都合よく上手に利用している場面もけっこうある**のである。この章では、そういう「不確実性の有効利用」についてお話しすることにしたい。

†抜き打ち試験の合理性

筆者は大学教員を生業《なりわい》としているが、学生を講義に出席させるのにいつも苦心している。出席をしなくても教科書を読んで内容を理解し、きちんと定期試験にパスして単位を取得してくれるなら心配はないのだが、残念なことにそれは理想論にすぎない。

だからまず、講義に出席させることが肝心である。講義に出てきてくれているなら、定期試験の問題のさじ加減も可能になる。出席点を与えて救済することもできる。しかし、大人数の講義で毎回出席をとるのは、時間と労力のロスになるし、集計も面倒である。といって、隔週や2回おきでとるなどと宣言すれば、とらない週の出席が激減するだろう。こんなときこそ、「不確実性の有効利用」の出番とあいなるのだ。おおよそ2回に1回や3回に1回の割合で出席をとるにしても、「でたらめにとる」なら、学生には出席調査の日が読めなくなる。こうなると諦めて仕方なく毎回出席する学生が多くなるのである。

昔から行われている「抜き打ち試験」というやつの合理性もこれと同じである。教師としては、学生にはつねに復習をして、こまめに知識を定着させてもらいたいのだが、毎回テストをしていては時間のロスだ。そこで抜き打ちテストをすることで、真面目な学生にはつねに復習をする習慣を強いるわけである。

このような抜き打ちには、「いかなる規則もない」というのが大切である。規則があるような気がすれば、「読み」を入れて勝負する学生が必ず出てくる。このような学生を諦めさせるには、目の前でコインを投げて試験をするしないを決める、そういうパフォーマンスを見せればいい。こうすれば「読み」を入れる気にもなるまい。実際筆者は、最前列の学生とじゃんけんをして決めたことがあった。「いかなる規則もない」ことこそが「不確実性」の本性なのである。

このような「抜き打ちの効能」は、他にも社会のいろいろなところで用いられている。交通警察の検問もそうだし、国税の査察もそうである。すべての自動車の違反に目を光らせたり、すべての脱税を捕捉したりするには、多大なコストがかかるし、原理的に不可能である。しかし放置しておいては、誰も法律や義務など守らない。そこで、「抜き打ち検査」という「不確実性の有効利用」によって、低コストで違反者を減らす仕組みになっているのだ。

†規則性の発見が利益をもたらす

以上の話をウラ返せば、**世の中には、規則性が読めれば、それを活かして利益を得ることができる場面がたくさんある**、ということになる。たとえば、同じ相手と何回もじゃんけんをするとしよう。そこで相手が交互にグーとパーを出すとわかってしまえば、必勝になるだろう。どんなに複雑なものでも相手の手の出し方に規則性を発見できれば、じゃんけんで必ず勝てることになる。

センター試験などの「選択肢問題」でも、出題者が気分で正解の場所を決めていくと、きっと固有の癖が出てしまうだろう。これは受験生が統計をとれば、傾向として露《あらわ》にされるに違いない。そんなわけだから、伝え聞くところでは、完全に不規則な「乱数」(でたらめに並ぶ数列=乱数表を使うか、コンピュータによって発生させる)を利用して、正解の配置を決めているらしい。

規則性の発見が利益につながる端的な例は、株価の変動である。明日ある銘柄の株の価格が上がると知っていれば、今日買っておいて明日売れば上昇分が儲かる。下がると知っているのなら、空売りして買い戻せば下降分が儲かる。こういう安いときに買って高いときに売る、あるいは、高いときに空売りし、安くなったら買い戻す方法を世の中では、

「投機」と呼ぶ。値上がりであれ、値下がりであれ、変動の方向を確実に知っていれば、間違いなく儲けることができるのである。

もちろん、株価は長期には企業の経営実態に応じて決まるのだろうから、規則性など意味はない。しかし、短期的には株取引をする人びとの心理的な推論で左右されるはずだ。だからもしも人びとの「心理的行動の癖」の規則性が読めれば、それだけで儲けることができるわけだ。残念ながら、このような規則性は簡単には見つからないのだが、株取引のディーラーには、このような「株価の規則性」の存在を信じ、それを発見することを夢見る人が少なくない。

最近では、物理の専門教育を受けた人をディーラーとして雇用して、「株価の波動としての性質」をさぐって、それを利益に結びつけようと試みているファンドもあるようだ(このことは、前にエコノフィジックスという分野のところで触れた)。

†大学受験倍率2年周期の不思議

ところでここに、株価とは違うが、実に面白い規則性がある。大学の受験倍率の高低がおおよそ2年周期になる、という法則である。これは多くの大学教員から聞いたので、かなり信憑性がある法則だ。この周期性は、受験生たちがなるべく受験倍率の低い大学を受験しようとする、そういう傾向から来ているらしい。もちろん、大学の合否はおおよそ学力で決まる。実力があれば倍率など無関係に合格するだろう。しかし、試験はみずものである。実力どおりの結果を出せないこともままある。このとき、倍率が低いなら、多少失敗しても運よく受かるかもしれない。そこで受験生は倍率の低そうな大学を受験しがちになる。

このとき、受験生は前年度のデータを参考にして、受験倍率が低い大学を選ぶ。そのため、前年度倍率の低かった大学は、今年度に倍率が跳ね上がり、前年度高かった大学は逆に下がる傾向が現れる。これを「受験倍率2年周期の法則」という。

さて、こういう規則性があるなら、さきほど述べたように、得をする戦略があるはずだ。一種の「投機」が可能になるはずであろう。そう、もしも、「受験倍率2年周期の法則」が本当ならば、ウラをかけばいい。前年度受験倍率が低かった大学は、みんなが今年度に受験しようとして倍率が上がるから、自分はウラをかいて前年度受験倍率が高かった大学を受けたほうがいい、ということだ。しかし、受験生にはそういう「投機」をする人は多くはないようである。だからこそ、「受験倍率2年周期の法則」が具体的に現れてくるのである。

もしも、多くの受験生がこのようなウラを読んだ「投機」行動をしたらどうなるだろうか。前年度倍率の高かった大学をわざと受ける受験生が増える。そうすると、また、そのウラをかく者も出てくるだろう。ウラのウラはオモテである。もとの戦略に戻ってしまう。さらにウラのウラのウラのウラの……と読んでいく受験生まで多々現れると、結局いかなる規則性も消えることになるに違いない。そうならないのは、不思議なことだが、受験生があくまで、前年度のデータだけを参考にし、しかもその傾向が今年度も継続される、という推測を崩さないからである。

それと対照的なのは株価であろう。株価の変動に容易に規則を見つけられないのは、株のディーラーたちは受験生とは違い、至近のデータだけでなく、非常に長いスパンのデータをもとにして変動を予想し、売買しているからに違いない。

このように、一方に「規則性の発見による利益」があるなら、対概念として「規則性を発見されないことによる利益」というのがある。それが、「不確実性の有効利用」あるいは「でたらめの効能」ということになる。

†教師がどうしても無駄なテストをせざるをえない理由

ついでだから、「臨機応変」の話もしておこう。

不確実性というのは、未来に向けて広がっているものである。そして時間の経過とともに、不確実性はそのあり方を変える。だから、その場その場で戦略をとる、つまり臨機応変に対応することは、いうまでもなく大切なことであろう。本当だろうか。実は面白いことに必ずしもそうだとはいえないのだ。

そのことを端的にわかっていただくために、ふたたび教師が戦略として使う試験のことを考えてみることにしよう。教師が試験をするのは、学生に勉強してほしいからである。したがって、学生が勉強をしてくれたあかつきには試験はしなくたっていい。むしろ、試験をしないで済むなら、手間がはぶけて嬉しいくらいである。したがって、教師にとっての最適の戦略は、まず試験をやる、と宣言しておいて学生に勉強させ、結果として試験をしない、というものになる。つまり、教師はそのときそのときにおいて、臨機応変に対応すればいいように思える。

ところがこれは、最初はうまい戦略に見えても、時間の経過とともにうまくないことが判明してくる。なぜなら、この戦略が教師にとってうまい手である、ということが学生にも見抜かれてしまうからだ。どうせ先生は試験をするつもりはないんだ、と読んだ学生が勉強をしなくなってしまうのである。だから教師は、たとえ学生が勉強したとしても、絶対に試験をする、そういう方針を態度で示さないとまずい。臨機応変に対応するつもりだ、という方針を見抜かれると、学生は確実に勉強しなくなってしまうだろう。このように事

前には最適に見えた戦略が、実行段階になると結局は達成できなくなるケースがあるわけである。

同じような問題は、「特許権」でも発生する。特許の存在というのは、発明が行われるまでは、発明のための努力を促すものとして有効な政策である。しかし、新技術の発明がうまくいったあかつきには、特許の存在は社会的に見て足手まといになる。その技術がひとつの企業によって独占されず、公共的に利用できるほうが、多くの便利商品が生み出され、消費者が恩恵にあずかることができるからである。

だから、政府の最適な戦略としては、新技術を開発した企業がうまいこと現れた場合に、結果としてその企業に特許を与えない、ということになる。しかしこれも、政府にとってそれが最適な戦略だと企業に読まれてしまうとまずいことになる。政府にとってこれが最適なら、発明したあかつきには特許をもらえないことが合理的にわかってしまうので、最初から開発には労力を投じる気が失せてしまう。政府が何もいわない時点でも、開発の努力を怠るだろう。つまり、政府にとって最適の戦略は、結果として実現できないわけである。

†ノーベル賞をもらった「動学的不整合性」理論

これらは、時間が経過した時点での戦略が相手に読まれてしまい、逆にその時点の戦略を考慮して相手に戦略を立てられてしまうために、結局そういう手順を実現できない、という矛盾が生じることである。このように、「事前には最適である戦略が、実際に時間経過とともに実行段階で必ずしも最適でなくなる」ことを専門のことばで「**動学的不整合性**」と呼ぶ。

この動学的不整合性は、臨機応変な自由裁量を持っているから起きる、といえる。教師が「試験をする」と宣言しても、学生が勉強したあかつきには、その時点になって裁量によって「やっぱりやめた」といえる。しかし、そういう裁量の余地を持っていることが逆に自分の首を絞めてしまうのである。そういう風にその時点になって予定の行為を変更するであろうことを、学生にも事前に読まれてしまい、それを逆手にとって学生は勉強をしないからである。それならむしろ、教員は、「試験の日程を決める」「試験問題を予告する」などして、試験を絶対にやるという「ルール化」をするほうがマシとなるのである。

この動学的不整合性の問題を、政府の経済政策の問題に取り入れたのが、キドランドとプレスコットであり、この業績によって2人は2004年にノーベル経済学賞を受賞した。

彼らの理論をかいつまんでいうと、こんな感じである。

今、景気が悪く失業が問題になっているとする。ちょっと前の日本経済を連想してもらえばいい。このとき、政府がインフレにして景気を回復する、と宣言する。そして、今後インフレになる（商品の価格が高くなる）と予想した市民が今のうちに商品を買うことで景気がよくなり、失業が解消される。失業率が低下したあかつきには、むしろ物価の上昇を抑えるほうに政策をシフトする。これが政府にとっての最適な戦略である。政府は、その時点時点で一番いい政策をとる裁量を持っているからである。

しかし、この裁量権限が災いするのだ。政府が「インフレにして景気を回復させる」と宣言しても、実際回復すれば、むしろインフレを抑えるのが政府にとって最適なのは、市民にも読まれてしまう。「結局インフレにはならない」と読んだ市民は商品を買わない。だから、景気は回復しないことになってしまい、政府の宣言は空振りに終わるのである。

こういうことが起きるのは、政府がその時点時点で最適の戦略をとるであろうことを事前に織り込んで市民が行動をするからである。景気が回復しているのに、政府が一度宣言してしまったという理由で、無駄なインフレ政策をとることはありえない。裁量がある限りそうなる。そこまで読んだ市民は、政府の意図どおりの行動はしないのである。

ここに「裁量」か「ルール」か、という難しい問題が生じる。政府に裁量権があるから、政府の事前の最適戦略は結果として最適戦略ではなくなる。臨機応変が災いするのである。だったらむしろ、「インフレにする」という方針を法制化してしまったほうがまだマシかもしれない。法制化されれば、インフレ政策が法に従うかたちで実行されることを市民は事前に信じることができる。また、政府が不要なインフレ政策をとることも、法律によって正当化できるからである。

キドランドとプレスコットは、このようなモデルを用いて、政府の経済政策にはある種の非効率性がつきまとってしまうことを論証し、ノーベル賞を獲得したわけだ。

†答えにくいことをアンケートで聞き出す方法

「不確実性の有効利用」あるいは「でたらめの効能」として、次のように実用的なものがある。アンケート調査にかかわるものである。

今、たいへん聞きにくいことをアンケート調査するとしよう。たとえば、高校生を相手に、喫煙、性体験、万引き等の経験の有無などを聞き出したい場合である。こういうアンケートをとる場合、たとえ匿名の形式にしても正直に答えてくれるとは限らない。高校生は、匿名とはいわれても、座っていた位置とか字体とかで自分が特定されてしまう危惧を抱くに決まっている。調査側に悪意がないことを高校生たちに信じさせるのは難しいだろう。

こういうときこそ、「でたらめの効能」を使うといいのである。まず、調査者は、高校生たちにコインを1枚ずつ渡す。そして、コインを誰にも見えないように投げてもらい、オモテかウラかを出してもらう。そこで、こういうのだ。

「コインでオモテが出た人と喫煙をしたことがある人は全員手をあげてください」

これなら、喫煙者も安心して正直に手をあげることができる。自分が手をあげたって、喫煙をしたからか、コインでオモテが出たからか、他人には決してわからないからだ。

問題は、調査者が手のあがった人数から、どうやって喫煙者の人数を知るかである。ここには、ちょっとした計算が必要である。

高校生が100人いるとして、80人の高校生が手をあげた場合について説明してみよう。このとき、x人の高校生がたばこを吸ったことがあるとして、そのxを求めたいわけである。まず、コインでオモテが出た人はおおよそ100人の半数の50人いると考えてよい。これがグループHである。次に喫煙経験のある高校生のグループをSとし、これをx人としよう。

ここでHとSには当然重なりがあることを忘れてはならない。喫煙しているうえ、コインでオモテが出ている高校生もいる。これはどのくらいいるだろうか。これはグループS

のうちおおよそ半数の「2分のx」人と考えるのが妥当であろう。喫煙していようがいまいが、コインは半々の確率でオモテ・ウラを出すはずだからだ。

以上のことから、手をあげた総人数80人からグループHの人数50人を引いた残りの30人というのは、喫煙経験がある全人数x人のうち、コインでウラの出た人であるから、喫煙者の約半数「2分のx」であるとわかる。だから、喫煙経験のある高校生は、100人のうち、おおよそ60人と推定できることになるのである。

もちろん、この調査法には難点がある。コインがちょうど半数にオモテを出すとは限らない。多少は半々からずれるものだ。これでは、コインの偶然に左右されて、本当の喫煙者の人数ではないではないか、と思われる読者もあるかもしれない。たしかに、コインはおおよそ50人にオモテを出すが、50人から多少ずれることは覚悟しなければならず、その分推定に誤差が生じる。また喫煙者の半数にオモテが出ないこともままある。

しかし、われわれはそもそも高校生の喫煙傾向の「おおよそ」を知りたいだけであり、どんぴしゃな数字などを必要とはしていないのだから、こんなもので十分である。むしろ、

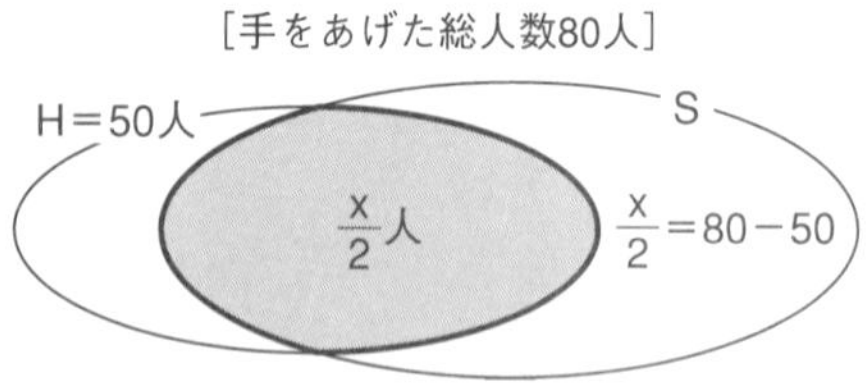

図2　喫煙経験のある高校生は何人？

本当に欲しいのは「正直な回答」のほうなのだ。「コインの確率」は、半々とはっきりしているが、「高校生が正直に回答する確率」というのは、知りようがないのである。この方法は、**コインの不確実性**（**既知の不確実性**）**を持ち込む犠牲を払って、正直な回答を得られない不確実性**（**未知の不確実性**）**を排除しようとしている**のである。

さらにいうなら、調査対象を１０００人、１万人と増やすと、推定の正確さは著しくアップすることがわかる。これはまさに、試行回数を膨大にすると、相対頻度と数学的確率が近づいていくという、いわゆる「大数の法則」と呼ばれる法則だ。

†サイコロで円周率を計算する方法

「でたらめの効能」は、20世紀になって、あれやこれやで理論的にも活かされるようになった。それは、「**モンテカルロ法**」という方法論の発見によるものである。

モンテカルロ法を発見したのは、イギリスの数学者で、初期の頃に統計学の理論と方法論の確立に貢献したカール・ピアソンという人である。ピアソンは、数学的な関数について何かおおざっぱでいいから知見が欲しいとき、「乱数」（でたらめに発生する数値）を利用するといいことに気がついた。そして、こんなことをいった。

「モンテカルロで興行されたルーレット結果の１カ月分の記録は、知識の源泉を議論する際の資料になるものである」。

要するに、でたらめに発生する数を使って、何かをテストする方法論であり、現代ではシミュレーションといったほうがピンとくるかもしれない。

モンテカルロ法の最もわかりやすく劇的な応用例をあげよう。

円周率というのは、ご存じ半径1の円の面積のことである。最初の3ケタが3・14であることは2000年も前にアルキメデスがつきとめた（時代を考えるとこれは大変な偉業である）。その後、いろいろな計算法の発見によって、現代では気の遠くなるような天文学的なケタ数まで解明されている。これを暗記して、ギネスに挑戦する人も出るから面白い。もちろん、計算はコンピュータが行ったものだ（最近の日本の小学生は円周率を「おおよそ3」と教わっているとのこと。ギリシャ文化以前の原始人に退化させられていて、まこと世界に向けても恥ずかしく、日本の子供はあわれである）。

この円周率というやつをモンテカルロ法で計算する、その面白い方法論を紹介するとしよう。本当はコンピュータにやらせたほうがいいのだが、わかりやすくするために、人間がサイコロを使って行うバージョンとして説明する。

サイコロは正20面体のものを用意する。これは東急ハンズとかで売っているので容易に手に入る。要するに、20個の面に0から9までの10個の数字が2回ずつ描いてあるものだ。

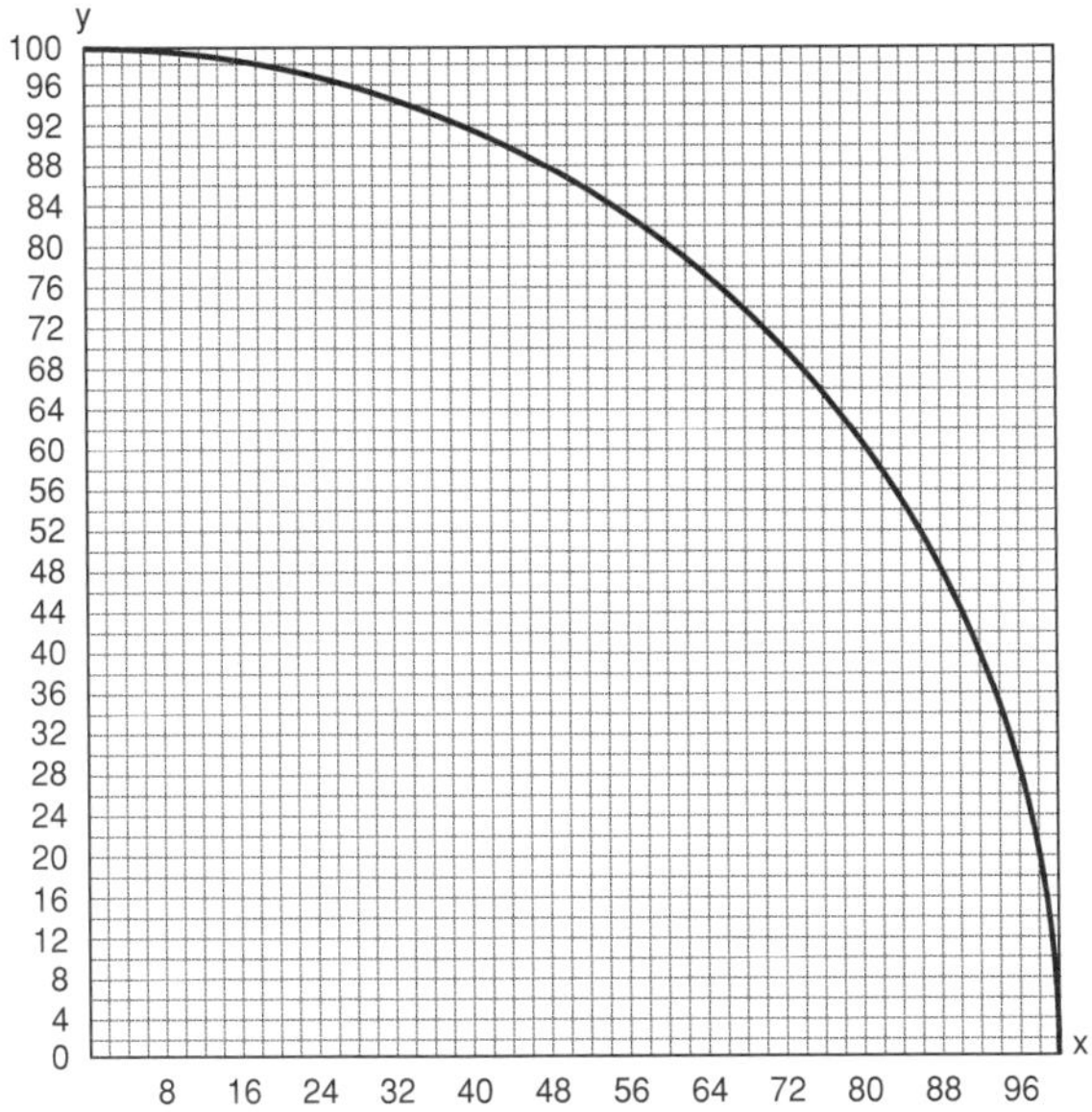

図3　サイコロで円周率を求める

次に方眼紙を用意して、図3のようにx軸とy軸を描く。1ミリにあたる長さを1とし、10センチ分で座標（x,y）として 0≦x≦100、0≦y≦100なる正方形の領域の中の101×101＝10201 個の格子点ができる。そこに、半径10センチの四分円をコンパスを使って描いておく。

さて、20面体サイコロを2回投げ、出た2個の数字を順に小数点以下にはめて、小数点以下2位の数字を作る。たとえば、3と8が出たら、0・38という数を作るわけだ（これがいわゆる「乱数」というやつである）。これをxとしよう。同じことをもう一回やって小数点以下2位までの数yも作る。さてこのxとyを組にして、座標（x,y）を作り、その点を方眼紙上で見つける。そしてそれが四分円の中にあるか、ないかを記録するのである。

この作業を1000回行ってみよう（これがなかなか大変な作業なので、普通はコンピュータにやらせるのだね）。（x,y）として作られる座標はでたらめなものであり、どの点も等確率ででたらめに選ばれるから、四分円に入る比率は、正方形と四分円の面積比と一致すると考えられる。ここがミソである。面積比は正方形を1としたとき四分円は4分のπとなるから、四分円に点が入った回数を1000で割ったものが、円周率の4分の1にかなり近いと考えていいのである。このようにすれば、円周率の近似値をサイコロを使って求めることができる。これがモンテカルロ法の要領である。

†モンテカルロ法の応用範囲は広い

世の中の不確実性は、前節でお話ししたように、教科書に出てくるサイコロやコインやトランプの例のように単純なものではない。数理モデルにできないたぐいのものも多いし、たとえできたとしても非常に込み入っていて、その確率現象を具体的に方程式のように解くことは至難の業であることが一般的だ。

たとえば、石油の販売店がどんなスパンで石油を注文し、どれだけ備蓄していれば最適か、その答えを得るには、客がどんな間隔でやって来て、どんな量を買っていくかを知る必要があるし、また備蓄のためにかかるコストも考慮する必要がある。最適な仕入れ戦略を決めるには、難しい最適化問題を解かねばならない。こういうのは、数学者にも無理難題なのである。こういうときこそ、モンテカルロ法は威力を発揮する。

客の到来のスパンと購入量を適当に模した乱数をコンピュータで発生させる。考えうるいろいろな戦略に対して、その乱数で商売の売上げとコストをシミュレートしてみる。そういう実験をくり返して、儲けが最も出る戦略を採用するのである。

数学的に解くのは難しい確率問題も、実際に確率現象（でたらめな数値）を発生させて、具体的に実験すれば近似的な解答を得ることはできる。パソコンの普及した現代なら、このことはなおさら簡単となっている。モンテカルロ法という「不確実性の積極利用」は、社会のすみずみで実際に用いられている技術なのである。

Ⅱ
データの眺め方ひとつで世界は変わる

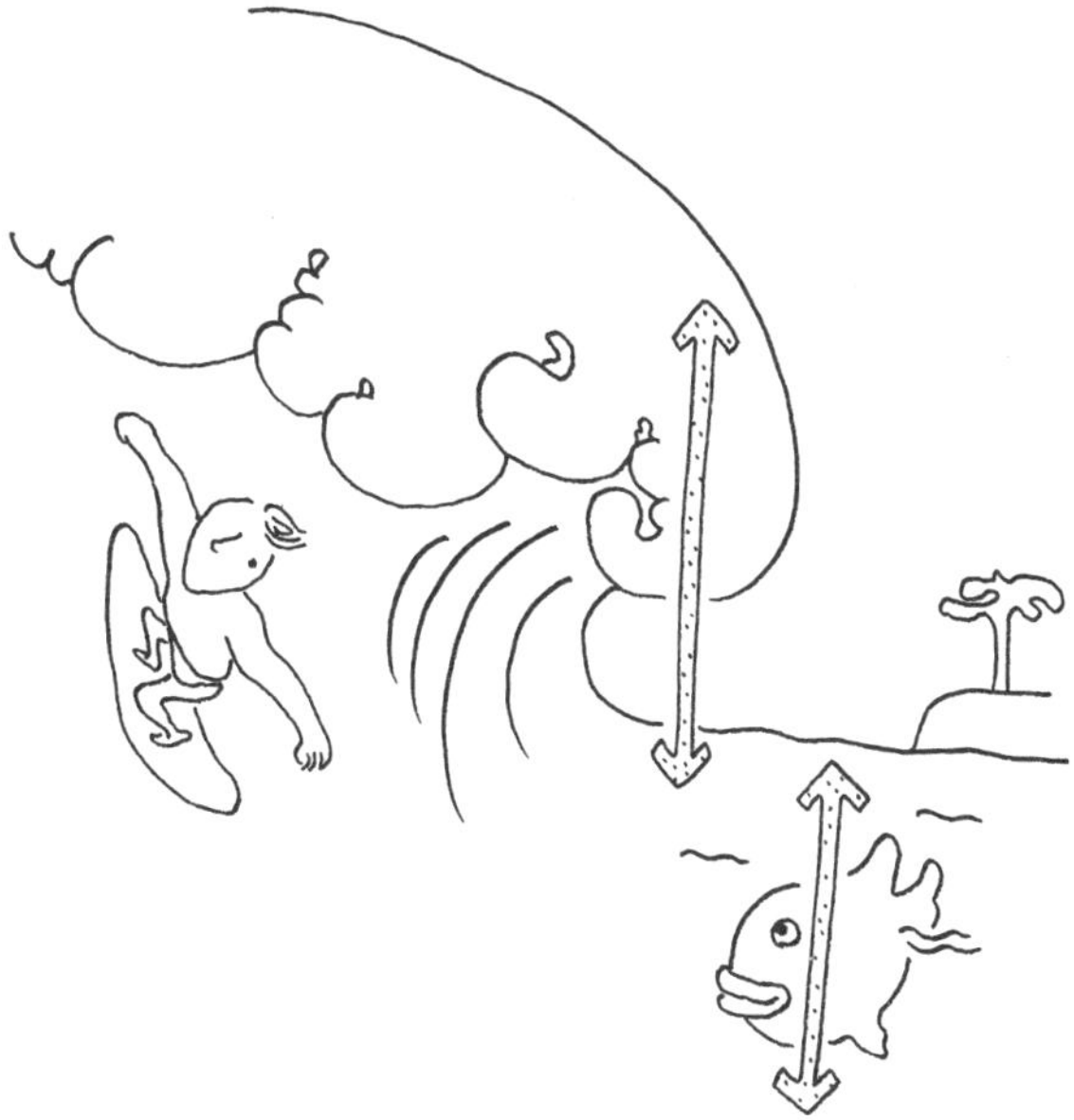

第4章

統計も見方ひとつでとっても面白い

†統計の眺め方を身につければ、生活は100倍楽しくなる

世の中、新聞にも雑誌にも、データが溢れている。職場にも、そこいら中にデータが散乱している。これらのデータがうっとうしいゴミに見えるか、宝の山に見えるか。それは見る側の心構えひとつで変わるのだ。

もちろん、データにはほとんど何の情報ももたらさないものも多いだろう。どんなデータからも有益な情報が引き出せるか、というと、そうとも限らない。それこそゴミデータも少なくないのだ。さらにいうと、漫然と数字を眺めていたって、面白いことを引き出せない。データから情報を抽出するには、特有のテクニックというものがある。データを集計して、何か有意義な情報を引き出すこと、それが統計である。統計は決して難しいもの

ではない。**平均とか標準偏差とか、高校でも習うようなよく知られた簡単な統計の技法を使うだけで、データを見る眼の解像度はグッとアップする。**

「データを見るのは苦手です」とばかり、逃げ腰の人も多い。こういう人の多くは心の奥底に、データ解析には特別の「才能」のようなものが必要で、それは生まれつき備わったものだ、という誤解を持っている。どんな分野でもそうであるように、もちろん、データ解析にも、「天才」と呼ばれる人びとが確かに存在する。こういう人の技術には、どうやったって太刀打ちできまい。けれども、それなりのレベルでデータを読めるようになるのは、どんな人にも可能なのである。生まれつき才能がない、などという人はいないのだ。

かくいう筆者も、成人するまではデータには非常に弱かった。そもそもデータを見ることに興味がなかったし、高校生のときの職業適性テストでは、データ分析の能力が恥ずかしいほど低かったと記憶している。そんな筆者も、成人して会社経営に携わったり、その後に社会科学の学者になったりして、データへの関心が強くなった。また、データを眺めるコツのようなものも自然に身についたのである。だから、どんな人だって、思い立ったそのときから、データに親しむことができるようになるはずだ。もう手遅れなどということは断じてない。

「データに親しむ」ということは、簡単にいえば、「人間社会や自然環境に関心を持つ」

ということである。世の中には、いろいろな固有現象がある。法則や特徴がある。しかし、社会や自然をそのまま「生」で眺めていても、「なにかあるな」ぐらいにしか直感できない。そこでまず、「**数字に直す**」という作業が重要なのだ。まさに「**データ化**」の作業である。次の段階は、それらの**数字に潜む特徴を引き出す**ことである。これがいわゆる「**データ解析**」。その初歩ができるようになるだけでも、世の中を見る眼の解像度はずいぶん変わるし、解像度が高まれば、見ること自体が楽しくて仕方ない、という風になる。

†出生データの秘密

データの楽しみ方、その初歩の初歩を、例を使ってお見せしてみよう。

多くの人は、「男女の生まれる確率は五分五分だ」と信じている。ところが、面白いことに、これは近似的には正しいといっていいが、決して真実ではないのだ。実は日本では、生まれてくる子供の男女比はおおよそ51対49で男のほうが多い。表1のデータを眺めていただければわかるが、多少の揺らぎがあるものの、おおよそこの比は安定的といえる。つまり、「次に生まれてくる子供が男の子か女の子か、どちらに賭けるか」というギャンブルをするなら、男に賭けるほうが「必ず有利」なのである。

この「男が生まれる確率が高い」というのは、程度の差こそあれ、全世界共通である。

この原因についての科学的な説明は、筆者の調べた範囲でも諸説あるのだが、最も信憑性が高そうなのは、「男のほうが死にやすいから」というものであった。つまり、男のほうが生まれた後に死にやすいから、生殖のバランスをとるために男のほうが多く生まれる、ということである。実際、死産する子供の多くは男児であるらしい。また、女性のほうが長寿なのはよく知られた事実である。だから同じ日に生まれた子供を比べると、最初は男のほうが多いのだが、途中で逆転して、女性が多くなり、その状態は最後の1人まで続く。

　さて、さっきのデータをもう一度よく眺め直してほしい。何か「あれ?」と思ったこ

表1　男児の生まれる確率

西暦	男児出生率						
1900	0.512	1920	0.511	1940	0.512	1960	0.514
01	0.512	21	0.511	41	0.512	61	0.514
02	0.512	22	0.51	42	0.513	62	0.515
03	0.513	23	0.511	43	0.513	63	0.514
04	0.512	24	0.51	44	欠	64	0.514
05	0.507	25	0.509	45	欠	65	0.513
06	0.521	26	0.514	46	欠	66	0.518
07	0.507	27	0.509	47	0.514	67	0.513
08	0.511	28	0.511	48	0.514	68	0.517
09	0.51	29	0.51	49	0.512	69	0.517
1910	0.51	1930	0.513	1950	0.515	1970	0.517
11	0.51	31	0.51	51	0.512	71	0.516
12	0.51	32	0.512	52	0.513	72	0.516
13	0.511	33	0.513	53	0.513	73	0.515
14	0.512	34	0.51	54	0.515	74	0.516
15	0.51	35	0.513	55	0.514	75	0.515
16	0.511	36	0.511	56	0.514	76	0.515
17	0.51	37	0.512	57	0.514	77	0.515
18	0.511	38	0.514	58	0.513	78	0.515
19	0.512	39	0.512	59	0.513	79	0.515

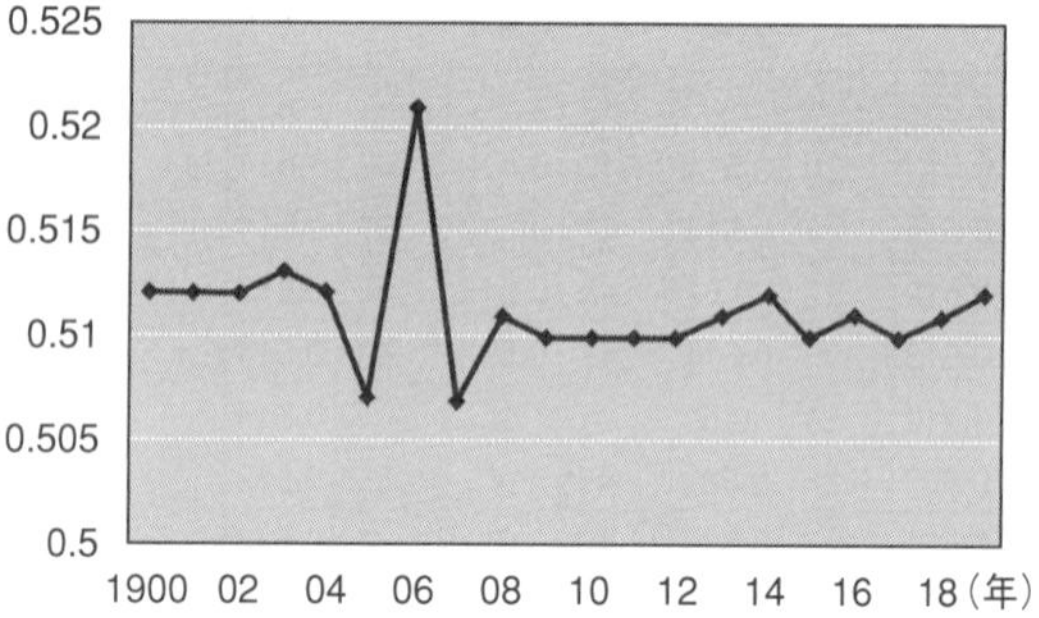

図4　男児出生比率の推移①

とはなかろうか。こういう勘所がデータに親しむ第一歩なのだ。そう。1906年あたりのデータに異質なものを感じるのである。実際、この年は男女の出生比率が崩れている。このことは、図4のように折れ線グラフにしてみるとはっきりする。

男児比率が高いことは同じだが、例年に比べて「高すぎる」のである。この原因はなんだと考えられるだろうか。

年配の人はすぐにピンと来るだろうが、若い人はどうだろうか。そう、例の「丙午《ひのえうま》」という迷信によるものなのだ。丙午という干支は60年に1度まわってくるのだが、その年に生まれた女児は結婚に恵まれない、といった伝承が古くから日本にあった。そのために、丙午の年の女児が減少し、データが例年から大きく乖離したと考えられるのである。いくら世の中に迷信深い人もいるとはいえ、統計が大きく崩れるほどたくさんの家庭が、この迷

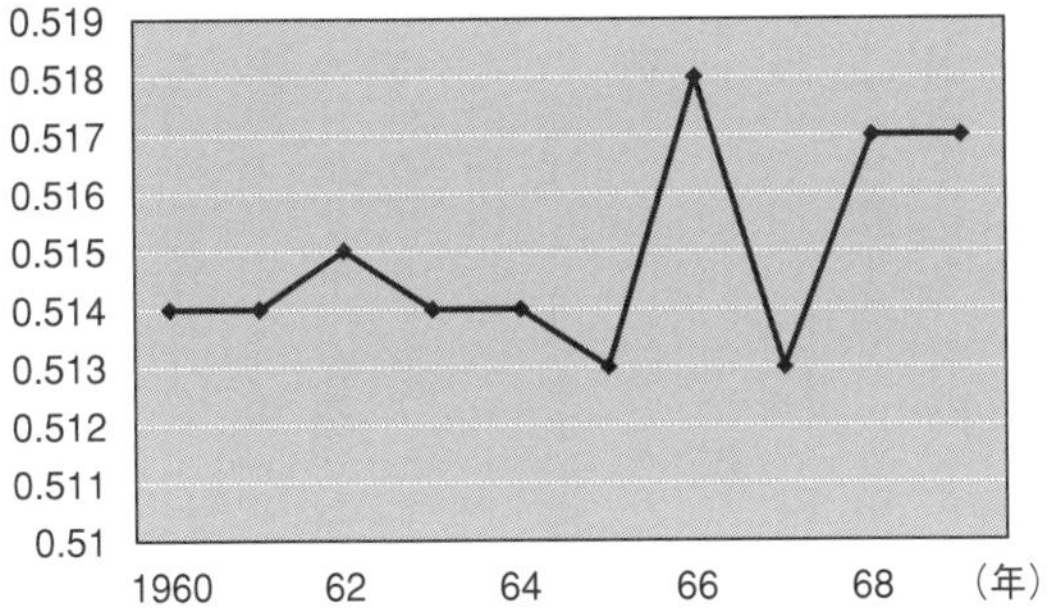

図5　男児出生比率の推移②

信のために特異な行動をとったというのは驚くべきことである。

このことが事実であろうことを確認するために、その60年後の1966年のデータも見てみよう。1906年ほどではないが、確かにこの丙午の年にも男児の割合が上昇しているのが見てとれる（図5）。

†移動平均の威力

さて、前節の解説を読んで何も感じなかった読者は、注意力が散漫すぎる。確かに丙午の女児が少ないことがデータに現れてはいるが、よく考えてみれば、「男女の産み分け」というのは現実には不可能なはずである。だから、出生児童の中の女児だけが少なくなった、という推測は非現実的だ。では、どういうからくりなのだろう。

推測だが、たぶん戸籍の操作によったのだ。つまり、年の前半に生まれた女児は前年に生まれたと虚偽申告され、後半に生まれた女児は次年度に生まれたと虚偽申告されたに相違ない。

その証拠は、まさに前年度と次年度のデータにある。こういうところが、データ解析のエキサイティングなところである。両年において、男児出生比率は例年に比べて低下しているのが見てとれる。われわれの仮説はこれで支持されることになった。

われわれのこの仮説を端的に検証するには、**「移動平均」**というよく使われる統計テクニックが非常に有効である。移動平均というのは、時系列のデータにおいて、連続するいくつかのデータをひとまとめにして平均していくことである。たとえば、その年のデータとその前後の年のデータを平均した3期移動平均というものを、1906年のデータに対して実行してみよう。(0.507＋0.521＋0.507)/3＝0.512となる。丙午の年の特異性は姿を消し、もとの安定した比率が現れるではないか。これは、その年の女児の出生がごまかされて、前後の年に振り分けられたことが打ち消されてしまったためである。前後の年もあわせて3で割れば、確かに例年と同じ出生比率が浮かび上がるのだ。

この移動平均という手法は、ある期間にだけ突出して現れたような特徴を打ち消すために利用される。実際、さっきの出生比率データでは、丙午迷信による忌避傾向を消去することに役に立った。そんなわけで、移動平均を使うと、「長期的なトレンド」というのを探り出すことができるのだ。

たとえば、気温のデータを考えてみよう。世に三寒四温ということばがあるように、春が近づいてくると、暖かい日の割合が多くなる。その日その日の気温は、固有の日本の気圧配置に左右されるので、寒かったり暖かかったりとでこぼこしているのが一般的だ。しかし、3日間移動平均や5日間移動平均を用いれば、そういうその日特有の気象状況は打ち消され、おおまかなトレンドだけが抽出されることとなる。春に向かって、しだいに暖かくなっていることがはっきりするわけである。

†株投資で移動平均を重視する理由

このような移動平均の手法が最も実利的に用いられるのが、株投資の世界である。株式ニュースを見ていると、エコノミストという肩書きの方が出てきて、「25日間移動平均によれば」などと解説されている姿をよく見る。もうおわかりだと思うが、株価のデータでこの移動平均をとると、その企業の株価の長期的なトレンドがわかる仕掛けなのだ。

株価は、その日に発表された経済ニュースや、投資家のメンタリティに左右される側面が強い。経済というのはさまざまな要素が相互にリンクして動いているので、たとえば国全体が不景気になれば、個々の企業もその余波を受けて左前《ひだりまえ》になる。したがって、発表された経済指標が、直接その企業と関係ないようなグローバルな規模のものであったとしても、その企業の株価が左右されるわけである。

また、投資家たちが、手持ちの資金を株や債券や外国通貨などの間に配分しているのだから、ある部門についての見通しにおける投資家の心理的な変化は、別部門における個々の企業の株価をも左右する。そんなわけで、企業の株価というのは、それらの企業に関するさしたる情報がなくとも、時々刻々とかなり大きな上下動をしているわけなのである。

しかし、そのような浮き沈みは、結局のところ、その企業の長期のトレンドとは関係がない。有望な企業は、景気がどうあれ長期的には収益を伸ばしていくだろうし、逆にでたらめな企業は好景気でさえも、競争に負けて倒産に追い込まれることになるだろう。だから、株価の短期的な上下動にまどわされることなく、移動平均によって長期的な株価のトレンドを計測し、その企業の有望性（あるいは、多くの投資家が有望だと判断しているかどうか）を見極めることが大切なのである。

せっかく溜飲を下げ膝を打っている人がいるだろうに、話の腰を折るようで申し訳ないが、これと逆の見方もまた重要であることを付け加えておきたい。それは、「**移動平均をとると、短期の特徴が消えてしまうので、戦略によってはうまくない**」ということだ。

株では、その企業の長期的な有望性を判断して株を買い、その企業の利潤から分配される配当によって儲ける、という「**投資戦略**」(investment）が正統派である。しかしこれと反対に、時々刻々と上下動する株価の変動の方向を読みきって、下がったときに買い、上がったときに売る、という戦略で儲けることも可能なのである。これは「**投機戦略**」(speculation)と呼ばれる技法である(逆に、上がったときに空売り(株を一時借りて売ること)をして、下がったら買い戻して(若干の手数料をつけて返して)、儲けることもできる。読みさえ当たれば、どちらの方向に株が動いても儲けることができる)。このような「投機」という戦略においては、移動平均はむしろ余計なこととなる。移動平均をとると、短期のでこぼこが消えてしまい、投機のための方向性の観察が不可能になってしまうからである。

†スポーツ選手の誕生日

さて、話を出生に関するデータに戻そう。ここにちょっと不思議な面白いデータがある。文部科学省の佐藤克文氏が朝日新聞(2003年4月19日付)で発表したデータである。それは、「プロ野球やJリーグなどの人気スポーツのプロ選手には、4月、5月生まれが多い」というものだ。佐藤氏が統計をとったデータは、図6のようなグラフになっている。

確かに、5月生まれを頂点にきれいな山型を描いている。佐藤氏がこのような統計をとることを考えついたのは、元ネタがあったからである。有名な科学誌『ネイチャー』に1994年に掲載された「スポーツ界における成功と生まれた月との関係」という論文であ

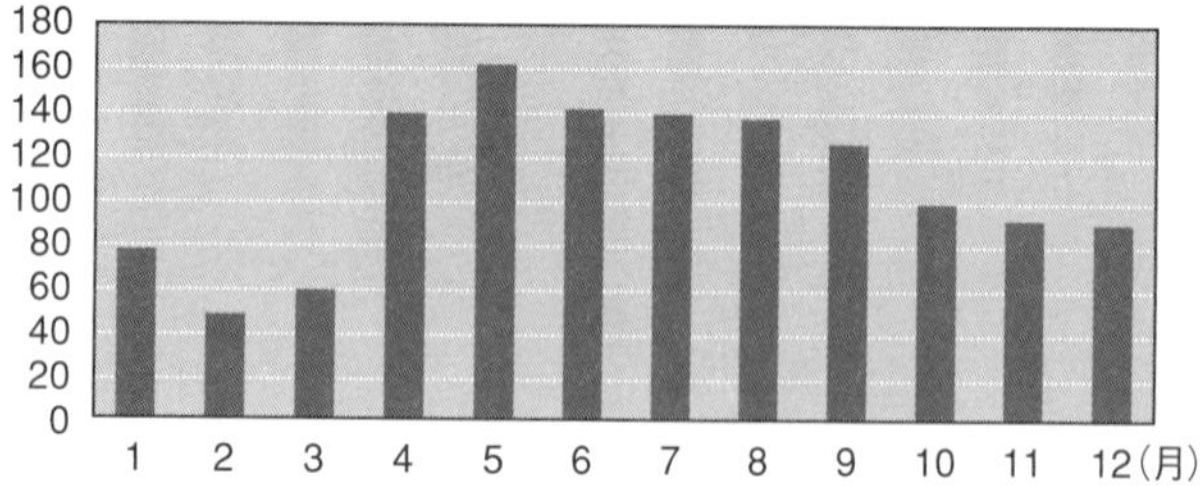

図6　スポーツ選手の誕生月別人数

る。これによれば、オランダとイギリスのプロサッカー選手の生まれた月は、シーズン直前の2、3カ月前に生まれた選手（早生まれの選手）の数が少なく、シーズン開始直後の月に生まれた選手が多かったのである。さて、これは事実だろうか。事実だとすれば、何月に生まれるかで、その子供の運動能力がある程度は規定されてしまうように思えるが、本当だろうか。

佐藤氏は、この原因を「早生まれの子の幼少期における体格や体力面でのハンディキャップに起因する」と考えているようだ。要は、「4月から3月という学校のサイクル」が原因だというわけである。日本の学校は、4月に始まって3月に終了する。したがって、N年の4月以降に生まれた子供からN＋1年の3月に生まれた子供までが同学年としていっしょに教育されることになる。このことは、低学年における教育環境にはばかにならない影響を及ぼすはずだ。

幼少の子供は、1年違うと体力や知力などの成長段階で大きな違いを持っている。だから同じクラスの4月生まれの子供に対して、3月生まれの子供は1年も遅く生まれている（1年分年下である）のだから、かなり幼いといえるだろう。そのハンディキャップが、大人になったときの職業にまで少なからず影響してしまう、そう佐藤氏は推測している。

しかし、幼少の頃には、クラスの中で年長の子供と年少の子供にハンディがあるのはともかく、そのハンディがどうして大人になるまで解消されないのだろうか。実際、多くの統計調査によって、幼少期の体格の格差は成長するに従って解消されることが指摘されている。なのに、スポーツ選手になれるかどうかについて、その影響力が残存するのはなぜなのだろうか。

佐藤氏はこのことに関する意見を述べてはいないので、以降は筆者の推測である。「幼少期のときに被ったハンディキャップが、子供の自己イメージに少なからぬ影響を及ぼす」からではないか、そう筆者は考える。

子供が、学業や勝負事やスポーツなどの特定の分野に熱意を持つかどうかは、現実の潜在的な才能だけでなく、自己イメージにも大きく左右されるであろう。本当は、潜在的に高い運動能力を持っている子供も、早生まれのためにつねにクラスの中では運動の力が劣って見えてしまい、自分は運動が苦手なのだ、という自己イメージを持ってしまう可能性が高い。そうすると、運動の才能を伸ばすトレーニングを、かなり早い段階で放棄してしまうかもしれない。もしこれが事実であれば、「スポーツ選手に4月生まれが多い」という統計的な偏りの原因を、ある程度説得できるであろう。

佐藤氏は自分の子供を4月生まれにしようと企み、失敗したほほえましい体験談で報告を締めくくっているが、筆者の経験でも、こういう考え方をする親御さんが多いようだ。自分の子供をクラスの中で有利にするために、4月や5月の出産を目指して「計画」するのである。親心とはいえ、なかなか大変なことだ。しかも、データがその戦略を支持してしまっているのだから始末が悪い。

早生まれの子供を持つ親にはひとごとではないかもしれないが、データを眺め、そこから何かを推理する楽しさを示す好例だと思う。

†人は根性があれば長生きできる

このような肉体への心理的作用の存在が、他にも統計として報告されている。次のデータなどは、嘘のようだが本当のデータだ。著名な統計学者C・R・ラオの本（『統計学とは何か』丸善）によれば、「人は楽しいことが待っていると長生きできる」という証拠があるらしい。

カリフォルニア大学サンディエゴ校のフィリップの研究を紹介している。フィリップは、重要な休日である収穫祭前後の死亡率を初老の中国系アメリカ人女性について25年間にわたって調べたところ、収穫祭の前1週間の死亡は通常より35・1％低く、収穫祭の後1週間の死亡は通常より34・6％高くなっているのだそうだ。さらに、フィリップは、125 1人の著名なアメリカ人の生まれた月と死んだ月を調査して、同様な結果を引き出した。つまり、誕生日より少し前に死ぬ人は相対的に少なく、誕生日より少し後に死ぬ人が相対的に多いのである。

これらのデータ（表2）は、「人間は、めでたいことの後まで死を引き延ばす意志力を働かせることができる」と解釈することができる。本当なら、面白い発見である。統計データを使って、こんな風に自由自在に遊ぶことができるようになれば、世の中はずっとファンタスティックなものに見えるようになること間違いなしである。

もちろんラオは、統計学者の冷静さのあかしとして、このような研究報告が「出版バイアス」とい

表2　誕生日前後の死者数

死亡月	標本1	標本2
前6カ月	24	66
前5カ月	31	69
前4カ月	20	67
前3カ月	23	73
前2カ月	34	67
前1カ月	16	70
誕生月	26	93
後1カ月	36	82
後2カ月	37	84
後3カ月	41	73
後4カ月	26	87
後5カ月	34	72
計	348	903
誕生日後に死亡した比率	0.575	0.544

うものであって、それゆえ結論は誤りである可能性があることを付記するのも忘れてはいない。出版バイアスというのは、「統計データが、面白い結果しか発表されない傾向にある」という研究上の偏りのことである。もしも、同じ統計を調べた研究者がいたとしても、「めでたい日と死亡統計の間にはなんら特別のかかわりがない」という結果が出た場合、そのファイルを引き出しにしまいこんでしまって、世に出てこない可能性がある。だから、出版された調査報告だけを参考にすると、バイアス（偏り）のある認識を持ってしまうかもしれない。それをして**「出版バイアス」**と呼ぶのだそうだ。

†癖を見抜くには統計を使え

完全な「でたらめ」を作ることは案外むずかしい、ということを第1章でお話しした。だからたいていのことには「癖」というのがまとわりつく。データが多いならば、その「癖」は統計によって暴かれてしまうだろう。相手の癖を見抜くうえで、統計をとる戦略は非常に有望なものなのだ。

たとえば、教員がテストで4択問題や5択問題を作る場合に、乱数を使わないで自分で適当に正解を割り振ると、固有の癖が出てしまう。一般的傾向として、最初や最後に正解を置く、ということを無意識で避けてしまいがちである。また、解答を散らすにしても、その標準偏差（第5章で詳しく解説する）は、完全にランダムな場合より小さくなってしまうことが知られている。このような癖を見抜くことができれば、学生はまともに問題を解かないでも、正解の確率を高めることができるだろう。

多湖輝という心理学者が『頭の体操』（光文社）という有名なベストセラーの中で、こんな体験談を書いていた。大学の定期試験で他の教員の試験監督をしているとき、暇にまかせて問題を解いてみたのである。科目は自分が門外漢である化学であった。もちろん問題の正解は、さっぱりわからない。そこで氏は、専門の心理学の知識を使って考えることにした。選択肢を眺め、出題者の心理を推し量って、ひとつずつ選択肢を消していく。結局、最後にひとつだけの選択肢にしぼったのだ。試験終了後、その出題者の教員に確認したところ、みごとそれが正解であった。問題作成者は、氏がどうやって正解を見抜いたのか、きつねにつままれた顔になった、ということだ。

実は筆者も、統計を使ってテストに臨んだことがあった。筆者が東大を受験したときは、現制度のセンター試験（その前身の共通一次試験）はまだ始まっておらず、東大は自前の一次試験を実施していた。その試験では、理科と社会の問題が全科目分いっぺんに渡され、自分が選択した理科2科目と社会2科目を同時に解くようになっていた。この試験のよさは、時間配分を自由にできる、という点である。

筆者は、社会科が不得意だったので、すべての時間を理科のために費やすことにし、社会科はでたらめに選択肢を選ぶ戦略に決めた。そこで、過去10年分の一次試験の社会科問題について、正解番号の統計をとって、一番頻度の高い番号を調べた。統計の結果は2番が非常に多かった。そこで、問題すべての解答を2番に統一した。問題文は一切読まなかった。

予備校の配った正解を見たら、そのうち複数正解だったのにはのけぞった。東大はちゃんと乱数を使って正解番号を配置しているに違いないから、これは単なる偶然であろう。そうだとしても、自分の学歴が統計戦略の賜物なのかもしれないと思うと、ちょっと複雑な気分である。

先日、「トリビアの泉」というムダ知識をネタにした人気バラエティ番組で、同じことをやっていた。これまた人気クイズ番組の「クイズ・ミリオネラ」の4択問題で何番が一番多いか、という統計をとったのである。結果はやはり2番であったが、データから見るとあまり有意とはいえなかった。しかしもしも、出題者が乱数を使わずに恣意的に正解番号を決めているのだとすれば、さきほど述べたような理由によって、1番、4番より、2番、3番に正解が多いのは道理である。

このような「癖読み」戦略が、学問分野で利用されている例がある。それは、統計文献学という分野である。この分野では、ある作品がある特定の作家のものであるかどうか、その真偽を統計学によって決定する、というものである。

たとえば、シェイクスピアの研究者であったテイラーという学者は、「ボデリアン図書館に保管されていた9節からなる詩がシェイクスピアの作によるものでないか」という疑いを持った。これに対して、システドとエフロンという2人の統計学者が、語の使用法を調べて、統計学の見地からこの仮説に結論を下したのである。それは、「シェイクスピアのものであるという可能性が高い」というものであった。

彼らは、シェイクスピアの知られているすべての作品の使用単語をデータ調査し、それらの使用頻度を調べた。そのうえで、シェイクスピアが新しく詩を書くとすれば、どのくらい新しい語を用い、どのくらい1度だけ用いた語を用い、どのくらい2度だけ用いた語を用い……、という確率的推測を作る。そこから推測される頻度と、現実の9節の詩に出てくる429語の頻度とを比較したわけである。これは、かなりの程度合致しており、そこから「詩の作者がシェイクスピアであろう」という結論を下したわけだ。

こんな風な利用法を眺めると、データから癖を読む戦略が、単なる「ズル」でないことを読者も納得していただけるだろう。統計データに親しむことは、世界を見る目、摂理を知る好奇心を培ってくれるのである。

第5章　標準偏差で統計の極意をつかむ

†標準偏差こそが大切

これほどデータ、データと騒がれる世の中で、データの理解に本当に自信のある人はあんがい少ないのではないかと思う。グラフを眺めたり、平均値を参考にしたりすることに抵抗のある人はいないに違いないが、「標準偏差」が出てくると、多くの人はとたんに逃げ腰となってしまうみたいだ。

しかし、逆にいうと、この**標準偏差の考え方を身につけられさえすれば**、**統計学の大事な部分はおおよそ理解できてしまう**、というのも事実なのである。大胆にいいきってしまうと標準偏差は迷宮の入り口なのではなく、出口だと思っていい、ということだ。

ところが、この標準偏差について、多くの統計学の教科書はあまりページ数を使っていない。意味と公式を与えただけで、すぐに次の段階に進んでしまう。これでは初学者は標準偏差を体感するに至らない。教科書の練習問題にあるような、データから具体的に標準偏差を計算したり、公式の導出を再現できたりすることは、標準偏差を感覚的に理解できるようになるためにあまり役に立たないように思える。大事なことは、まさに「体感する」ということで、そのためにはあれやこれや実例上で標準偏差をいじくってみることしかないのである。

そこでこの章では、標準偏差を体感し、その達人になっていただくコースを用意したいと思う。

†使えるバス・使えないバス

標準偏差を理解するために最も端的な例は、「使えるバス・使えないバス」の判断だと思う。みなさんは日常生活において、あるバスを「足」として使うか使わないかを、どういう基準で決めるだろうか。もちろん、そのバスが利用したい時間帯にあるか、どの程度の本数が出ているか、それが第一に重要だけれど、それだけで決めることはできないだろう。間違いなく「時刻表どおりに運行されているか」というのも考慮するに決まっている。

ここで、「時刻表どおりに運行されているか」という場合、バスの到着時間そのものは問題ではないことに注意しよう。たとえば、時刻表では朝7時8分のバスが、平均として7時10分に到着するとしても、そのこと自体はたいして問題にならない。はじめから7時10分のバスだと理解すればいいからだ。問題なのは、平均として7時10分に到着するとしても、それはあくまで平均だから、実際はその前後にズレるということなのである。

ここに、平均としては7時10分に到着するがその前後に2分ほどブレがあるバスAと、同じく平均としては7時10分に到着するがその前後に10分ほどブレがあるバスBがあるとしよう。あなたはバスAなら受け入れるが、バスBを使うくらいなら歩くか車を常用するほうがましだ、という意見に賛成することだろう。ここで重要なのは、このふたつのバスAとBは、「平均到着時刻」という意味では区別がつかない、ということだ。つまり、「平均」という統計量はこの際には役に立たない。問題となるのは、「平均からのブレ」なのである。

さて、この簡単な例がわれわれに重要な指標の存在を示唆してくれていることがわかる。バスAは平均から2分ほどブレるが、バスBのそれは10分だ、というその2分と10分という統計量である。これをイメージするには、おおよそこう考えればいい。「バスAは、7時8分に来るか7時12分かに来るバスであり、バスBは、7時00分に来るか7時20分かに来るバスである」。どちらのバスも「平均として」7時10分に到着するが、バスBは明らかに通勤には使い物にならない。それを峻別するのが、Aでは2分、Bでは10分となるような**平均からのばらつき具合を表す統計量**なのである。これを「**標準偏差**」という。

標準偏差のココロ

「標準偏差」とは、要するに「平均からのブレ」のことである。いつもぴったり時刻表どおりに到着するバスも、前後に等確率で2分ずれるバスも、前後に等確率で10分ずれるバスも、みな平均で見れば時刻表の時刻に到着するバスである。しかし、使い勝手はぜんぜん違う。問題なのは、「平均到着時刻から前後におしなべて何分ずれるか」である。これをバス到着時刻の標準偏差というのだ（数学的に厳密にいうと、平均値からのずれを2乗して合計してからデータ数で割ってそのあと平方根をとるのだが、その計算方法にはこの際深入りはしないことにする）。

「標準偏差」は、英語ではStandard Deviationというので、「SD」と略されることが多い。本書では、せっかくだからこのSDのほうを主に使うことにしたいと思う。あとで出てくるが、「標準偏差」というと、どうも「偏差値」というイメージが喚起されて雑念になりやすいからだ。

筆者は、統計学の講義で、「SDのことをイメージしたいなら、サーファーの気持ちになりなさい」といつも学生にいっている。それはどういうことか。サーファーにとって、海の状態を知るうえで重要な指標はふたつあるだろう。ひとつは、平均的な水位である。海面は揺れているが、おおよそ水位を知ることは基本中の基本に違いない。しかし、サーファーにとって最重要なのはこれではない。「波の上下動」である。海面は平均的な水位を中心にして、その上下にウェイブしている。これがいわゆる「波動」なのである。この波の上下する幅こそがサーファーにとって最も気になるものであり、そしてこれが統計学でいうところのSDにあたるのだ。

海面の高さは上下動によってさまざまな値をとる。これを平均すれば、水位が高いか低いかのおおまかな指標が得られる。これが「平均値」である。対して、この「平均的な海面」から波がどの程度上下動するか、それをおしなべた数値が「海面のSD」なのである。サーファーにとって、海面のSDこそがまさに自分たちの楽しみの指標になるものといっていいだろう。

†SDから何が読めるか

さて、ではこのSDという指標からいったい何が読みとれるのだろうか。おおざっぱにいうと、**あるデータがどの程度「つきなみ」かあるいはどの程度「特殊」なのかが読みと**

れるのである。

たとえば、日本人の成人女性の身長は平均がおおよそ１６０センチで、ＳＤがおおよそ10センチである。これが意味することは次のようなことだ。「日本の女の子は、おおよそ１６０センチの身長と考えていいが、もちろん全員が１６０センチであるわけがない。では、１６０センチからどのくらい上下に広がっているか、というと、おしなべて前後10センチぐらいの広がり」ということである。

このことから身長という元データについて、いろいろな手がかりが得られる。たとえば、「身長が１５０センチから１７０センチの女の子は、つきなみな身長と考えていい」というようなことである。ＳＤが10センチということは、女の子たちの平均身長からのズレは平均として上下10センチということなので、「普通のずれ方」だということになるからだ。もっと具体的にいうと、実は約７割のデータがこの範囲にはいるとおおよそ考えていい(専門的には、データが正規分布で近似できる仮定の下で、ということなのだが、細かいことなので気にしなくていい)。

次に、身長が１８０センチの女の子がいたとしたら、この女の子の身長は「やや特殊」と判断していい、ということもわかる。１８０センチという身長は、平均値から20センチ離れているわけだが、これはＳＤで測ると２個分離れている。ところで、ＳＤで測って上下に2個以上離れるデータの総数は（さきほどと同じ仮定の下で）約5％にすぎない。上に離れるのは、その半分にあたる2・5％という稀少さである。つまり、180センチの身長は、高いほうの2・5％に入ってしまうデータなのである。これは「特殊に高い人」と呼んでもいいすぎではないだろう。

このように、SDというのは、「SD何個分」という単位でものを考えることで、いろいろなことを測ることのできる有効性の高い指標になるわけだ。

†偏差値に振り回されるべからず

SDを応用した典型的な指標は、例の「偏差値」という奴である。これは、テストの平均点に偏差値50を割り当て、SD1個分を10点に換算して50に加えたり減じたりして、成績評価するものである。だから、偏差値60といえば、平均点から高いほうにSD1個分離れていること。偏差値70といえば、高いほうにSD2個分離れていることを表している。

さきほど解説した評価の方法でいえば、偏差値が40〜60の場合は、「つきなみな成績である」ことを、また70を超えたり、30を下回ったりした場合は、「ちょっと特殊な成績である」ことを表している。そういう意味では、偏差値は冷徹な「統計的事実」ではある。

しかし逆に、今表現した以上のものではないから、拡大適用には用心しなければならなう、たとえば、偏差値53より偏差値55のほうがすばらしいか、といえば、あまりそういう意味合いはないといっていい。どちらも「よく観測される平均からの離れ方」「平均からの離れ方は誤差程度」ということを表しているにすぎないからだ。２人の受験生について、ついた点数の差は「偶然の所産」でしかない、といっていい。

「偏差値」については、世の中の誤解が多い。偏差値のわずかな違いに一喜一憂する人びとも、ＳＤの使い方を全く間違えているし、他方、「偏差値社会は子供をダメにする」と批判する人もたぶんＳＤを拡大解釈しているのだと思う。このことは、上記の解説を理解していただけた方なら納得してくれるのではあるまいか。

筆者にいわせれば、「１回のテストにおける受験者データの中での偏差値」なんかではなく、「同じ個人の何回ものテストにおける点数のＳＤ」のほうがずっと受験戦略で大切なのだ。

たとえば、今、Ｘ君は１００点満点の数学のテストを何回か受けて、平均点は70点、ＳＤが5点だとする。また、Ｙ君は、平均点が60点でＳＤが25点だとする。このとき、２人は受験で全く違った戦略をとるべきだし、違った結果を出すだろう。そして人生も違ったものになるに違いない。それはなぜか。

Ｘ君は、Ｙ君より平均点は高い。つまり「平均的には優秀な成績を出す」といえる。しかし、これだけではX君とY君の成績を上手に評価できていないのだ。SDを考えよう。X君のSDは5点だから、X君はおおよそテストで65〜75点の点数をとることが多いと判断できる。それに対してY君は悪いときは35点になってしまうが、いいときは85点をとることもよくある、とSDからわかる。そうすると、X君は65点とれば入れる学校にはおおよそ落ちることはないが、80点を要する学校には合格は難しいだろう。それに対してY君のほうは、40点で入れてくれる学校にも落ちることがあるかもしれないが、80点を要する学校に合格するチャンスも少なくないのである。

このようにSDで見ると、X君とY君の未来は正反対の絵になる。X君は堅実にとりこぼしはないが、決して「一発逆転」ということもない。逆にY君は、あらら、という失敗もするが、まばゆいばかりの「大逆転」も演じられるのである。そういうことがSDからわかる。このとき、SDは2人の人物の「優劣」を表しているわけではなく、その「性向の違い」を表しているにすぎない。このことはSDを理解するうえで他の場面でも非常に重要な観点となるだろう。

†株売買の心得

金融が自由化された現代の日本では、私たち庶民も株の売買に興味を持ち、実際に参加している人も多い。もちろん儲けるチャンスは万人に開かれていてしかるべきだし、株式市場は資本主義市場社会を維持するための重要なセクターだから、この流行は望ましいともいえる。ただ、株取引に参加するなら、ちゃんとそのメリット、デメリットを知ったうえで参加するのが無難である。そして実は、ここにおいてもSDの理解がカギとなるのである。

例として1981年、これはバブル前夜の時代だが、この年の株の収益を見てみることとしよう。

この年の株の月間収益率はなんと約2・5%である。月間収益率というのは、1カ月の間における株の値上がりのパーセンテージを1年間12回で観測して平均した数値である。つまり、この年、100万円分の株を買って1カ月保有すると平均として2・5%の値上がりをして、2万5000円が収益(値上がり益)になるというのである。これを12倍すれば年間収益30万となる。つまり1年で30%の利回りなのだ。これだけ見れば、定期預金をするのはばからしい、ということになる。本当だろうか。

ここで見逃してはいけないのは、この数値はあくまで「平均」である、という点である。ふたたび「海の波」を頭に浮かべてほしい。現実の月間収益率は、この「平均2・5%」を真ん中にして、その上下に振動し、波打っているはずである。実際のデータ(図7)を

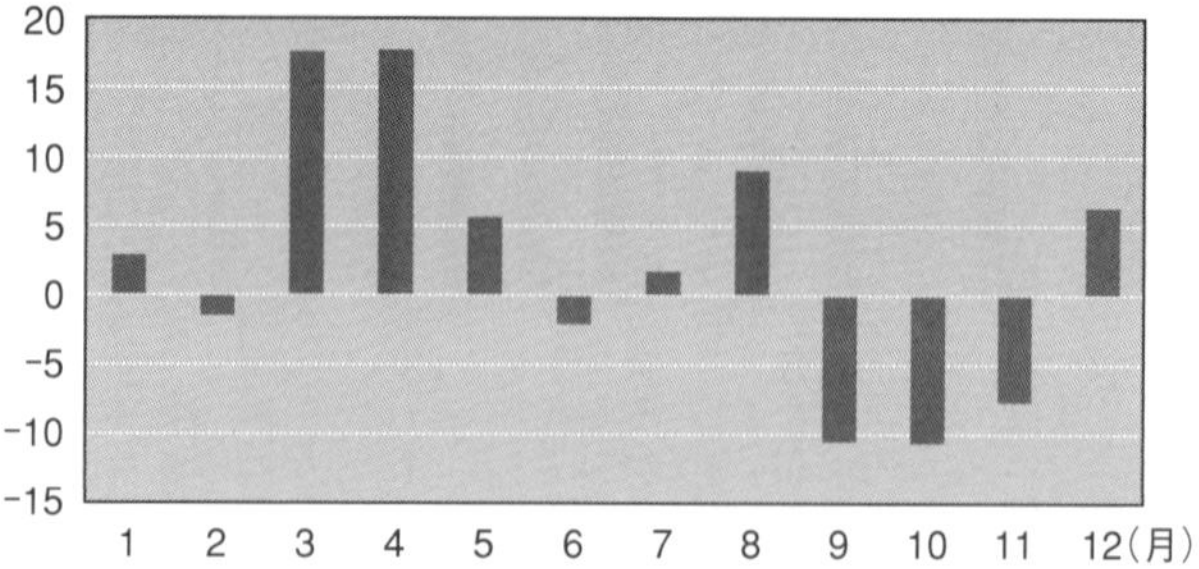

図7　株の月間収益率（1981年）

見てみると、3月には17%もの値上がりを記録しているが、逆に10月には10%も値下がりをしている。つまり、この年の株では、17%儲かる月もあれば、10%も損する月もあるのである。2・5%というのは単なる「平均した数値」にすぎず、この数字が毎月の実際の収益率となるわけではないのだ。

こんな場合は、「平均」ではなく「SD」のほうが重要な指標となる。この年の月間収益率のSDは約9%である。つまり、「平均からの浮き沈み」をならすとほぼ9%のウェイブとなる、ということなのだ。だから、2.5+9=11.5%の値上がりも平気で起きるし、逆に2.5−9=−6.5%の値上がり、つまり6・5%の値下がりも日常茶飯事、ということになる。だから、月単位の短期売買を実行した場合、運が悪ければ6%の損失を出し続けても不思議ではないわけだ。

†リスクとチャンス

以上のように、株取引では「平均収益率」だけを指標にしてはいけない。収益率のSDも踏まえるべきなのである。実際、収益率のSDのことを資産運用の専門用語で「**ボラティリティ**」という。日本語にすると「**予想変動率**」である。つまり、SD=ボラティリティが9%と知ったら、平均を9%下まわることを覚悟すべし、ということになる。だからSDは資産運用における「リスク」の指標なのだと考えていい。株投資をするなら、投資銘柄のSDを事前に調べて、そのSD1個分の損失程度は事前に「覚悟」することが必要なのだ。

ここで血気盛んな読者は、先回りして、「平均収益率より9%値上がりすることだって平気で起こるってことじゃないの?」と考えたことだろう。そのとおり、「リスク」をSDだと定義するなら、それは他方では「チャンス」でもあるのだ。平均値からSD1個分だけ低いデータも存在するのと同程度に、SD1個分高いデータも起こりうるからである。このようにリスクとチャンスは表裏の関係にある。リスクの大きい株投資とは、大きな値下がりの可能性を持っている株に投資することだが、それは同時に値上がりへの同程度の可能性も秘めている、ということになる。

†投資と投機

ついでなので、資産運用においてよく使われることば、「投資」と「投機」について、(これは前の章でも何度か簡単に触れたが) 詳しく解説しておきたい。このふたつのことばは、似て非なるものなのである。

「投資」というのは、経済学的にいえば、「生産された財を消費してしまわないで、次なる生産に利用する」ことである。たとえば、生産された鉄鋼を消費財に使わず、工場の設備や機械などに利用して、次なる生産のために利用することがそれにあたる。だから、あなたがある企業の株を購入し、それで企業が得た資金を設備や機械にまわしていれば、あなたの株取得の行為は「投資」に分類されることになる。

このとき、あなたが株取得によって得られるメリットは「配当」というものである。投資によって新たな商品がこれまでの生産物に追加されて生産されることになる。その追加的な商品の一部が配当として企業からあなたに支払われる仕組みなのである (商品そのものでなく、同価値の貨幣で与えられるのはいうまでもない)。簡単にイメージするには、穀物を食べてしまわないで種もみとして植えて、新たな収穫を受け取るのを思い浮かべればいい。とにかく投資というものは、「経済に新しい価値を追加する行為」である。

それに対して、「投機」というのはこれと全く異なる目的を持つものである。耐久性のある商品について、それを売買する市場が整備されている場合には、その値動きを利用して稼ぐことができる。「安いときに買っておいて、高くなったら売る」という転売を行えばいいのである。

たとえば、株は株式市場が整備されているので、つねに適当な価格によって売り買いがくり返されている。したがって、どんな銘柄の株もその価格がつねにウェイブしている。だから、ある銘柄の株が現在低めの値がついており、これから値上がりすると予想したなら、これを買っておいて高くなったあかつきに売る、そうすれば値上がり分を儲けることができる。このような目的の株取得行動を一般に「投機」と呼ぶのである。

その意味では、投機は単なるギャンブルである。投資は、消費をがまんして新たな生産に利用し、そこから追加的に得られる価値を見返りとして獲得する経済行動である。つまり、投資によって、世の中に新しい富が追加されることになる。それに対して投機は、株式の価格が、市場参加者の評価の不一致から一定値に確定せずつねに揺らいでいる、その市場的性質を利用して、値上がりの可能性に賭ける賭博だといえるのだ。その意味で、投機は、世の中に富を追加する営為ではない。

この投資と投機の違いを、前にたとえとして使った「海の波」を利用して視覚的に解説してみよう。海の水位自体を標的にして資金投入するのが、「投資」である。たとえば、全く波のたたない静かな海面を想像してみてほしい。水面の高さを株価とすれば、その株価は完全に企業の業績の水準そのものを表しており、それは配当（追加された富のうち出資者の取り分）を的確に反映したものである。そして、このように波立たない水面では投機はできない。

逆に、激しく波打つ海面を想像してみよう。このとき、海面をならして平均化した水位が配当を反映した株の経済的価値であると考えられるが、波打ちが激しい場合、むしろ海面の上下動を利用したほうが儲けが大きいといえる。つまり、波が最も低くなったとき買って、最も高くなったとき売るのである。これが成功すれば、短期間で大きな利益、配当とはケタ違いの利益を上げることができるだろう。

以上のたとえで理解できたと思うが、**投資にとって重要な指標は「平均値」であり、投機にとって重要なのは「ＳＤ」である。**

第6章　確率の日常感覚はゆがんでいる

†期待値とは何か

人間は、日常に遭遇する事故や新聞などで発表されるある種の事故を、その平均回数より多いと認識していることがある。有名な例では、飛行機事故や殺人事件などがある。この原因に、マスコミの報道回数から生じるバイアス（偏り）という側面があるのは否定できない。実際のところ、主たる要因だろう。

しかし、確率法則という別の角度からこの現象を見ることは、われわれに有益な知見をもたらしてもくれる。たとえば、**期待値**という指標がある。ものごとの頻度を測るとき、期待値をとる方法は複数あり、どの期待値を使うかで、頻度の感じ方が変わってしまう。そこで、この期待値についてまず、簡単に解説しておこう。

期待値というのは、簡単にいえば、確率的な平均値である。たとえば、確率0・1で3000円が当たり、確率0・4で500円が当たり、残る確率0・5で200円が当たるクジがあるとしよう。このとき、クジの賞金の確率は、各賞金にその当たる確率を掛けて合計したものである。具体的には、

3000×0.1+500×0.4+200×0.5=300+200+100=600

から600円となる。この数値の意味は何かということだが、以下のように考えれば「データの平均値」と類似したものだとわかる。

まず、非常にたくさんの回数Nだけこのクジに参加したと想定しよう。すると、3000円が得られる頻度はおおよそN×0.1、500円が得られる頻度はおおよそN×0.4、200円が得られる頻度はおおよそ N×0.5 だと想定していいだろう。すると得られる総賞金額は、

3000×N×0.1+500×N×0.4+200×N×0.5=600N

これを参加回数のNで割れば、「総賞金額を1回平均にした額」が得られ、それは600円となる。これはさきほどの期待値と一致している。つまり、賞金額に確率を掛けて合計して得られる期待値という値は、仮にこのクジに膨大な回数参加したと想定した場合に得られる賞金を、1回平均にならしてみた額と一致するというわけである。だから、この

期待値を指標にして不確実な現象を数値評価することは妥当だし、実際私たちは無意識であるかもしれないが、そのような指標を日常的に使っているはずである。

さて、あるできごとが確率的に起きるとして、その期待値を求める場合、そのできごとをどのように観測し、記録するかで期待値の見積もりは違ってくる。

第2章でも出した例だが、次のようなものを考えよう。今、ある機械を動かすとして、その機械がどの程度故障するか、それを期待値によってとらえるのである。このとき、一番標準的な統計のとり方は、素直に「平均的に何回の運転に対して1回故障するか」を調べることである。このときは、機械を運転して、正常に動けば0点の得点、故障すれば1点の得点を得ると考えればいい。たとえば、100回の運転に対して調べて10回故障していたとすると、0点が90回、1点が10回得られ、合計点は10点。これを試行回数100回で割れば、1回当たりの平均得点は0・1となる。まさにこれが期待値ということになる。つまり、次回の運転で故障する回数の期待値（これは故障確率とも一致するが）は0・1程度であろう、と推定できることになる。

これに対して、別の期待値のとり方もある。機械の運転をくり返しているとき、「故障の後に、あと何回ぐらい運転するとまた次の故障が起きるか」をデータ調査することである。「何回連続で故障なしに運転できるか」を調査しても同じである。具体的には、最初の観察では5回後にまた故障し、次の観察では、14回後に故障し、その次の観測では12回後に故障し……、という具合になっているとき、このデータの合計 5＋14＋12＋……を観察回数で割り算すればいい。さきほどの「何回の運転のうち何回故障したか」という集計より、こちらのほうがわれわれの日常感覚に近いだろう。「前の故障からどのくらい経過したか」というのは、仕事をする中で自然に培われる認識だからだ。

†故障が平均より多いと感じる理由

さて、この「故障の後に、あと何回ぐらい運転するとまた次の故障が起きるか」という数値の期待値に関しては、簡単な法則が知られている。もしも、機械の「1回の運転における故障確率」がpならば、「故障が起きた次の運転から数えて、次の故障が起きるまでの運転回数の期待値は（p分の1）回」というものである。たとえば、先ほど例にした故障確率0・1の機械の場合でいえば、「次の故障は期待値でいえば（1÷0.1＝）10回後に起きる」といえる。まあ、この機械は100回に10回の故障をする機械と思っていいわけだから、故障を均等化すれば10回ごとに故障していると考えられるので、「次の故障は10回後だろう」という推測は、当然といえば当然であり、確かに整合性がある。

この法則の面白いのはここからである。確かに、故障が起きたあとの運転から数えて、

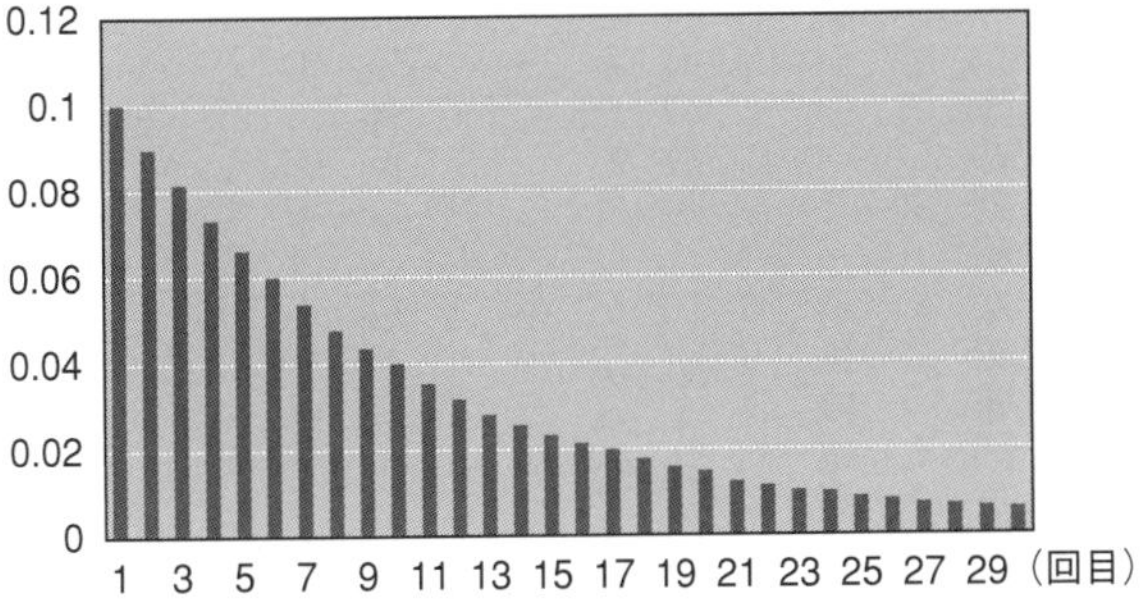

図8　次の故障がn回目に起きる確率

次の故障が起きるのは「期待値としては10回後」なのであるが、それじゃ「10回より前に故障が起きることと10回よりあとに故障が起きることの可能性は五分五分か」というと、なんとそうではないのである。

実は10回以下で故障が起きる確率は約0・61と五分五分よりも大幅に高い確率である。9回以下で故障する確率でさえも約0・57と五分五分より十分高い。つまり、次の故障は「期待値10回」よりも早く起きることのほうが多いのである。どうしてこうなるのであろうか。それは、「次の故障があとn回で起きるその確率」をnに対するグラフにしたものを見ればおのずとわかる。図8である。

確率のグラフが、左右対称ではなく、減少しながら無限の先まで続くような形状となっているのがわかるだろう。これがこの確率現象の特徴である。そのため、「期待値」は確率が五分五分となるところよりも少し大きくなってしまうのである。実際、確率が五分五分となるのは（グラフの面積が二等分されるところ、**中央値**（メジアン）と呼ばれる）、7回と8回の間にあり、期待値の10回よりちょっと小さい。

どうしてこうなってしまうか、というと、グラフが無限の先まで続いているからである。非常に確率は小さいが、次の故障がものすごく先になることも稀に起こる。それが期待値に実体的な影響を与えるので、確率が五分五分の場所より期待値をやや大きいほうにひきずってしてしまうことになる。

さて、この事実を知っているのと知らないのでは故障についての認識がずいぶん変わることだろう。「次の故障までの運転回数の平均は10回」と表示されている機械について、現実の故障は10回より前に起きることのほうが多い。だから、機械の使用者は表示された平均よりも故障回数を多いように錯覚することになってしまいがちだ。確率についての知識がないと、不良機械だと誤解してしまうことだろう。

さて、図8のようなグラフになる確率現象を、専門のことばで「**幾何分布**」という。**こういう非対称な分布図を持った確率現象は、われわれの感覚を狂わせる**。飛行機事故や殺人事件などが、実際の期待値よりも多く感じられる感覚は、このグラフの形状から来ている一面がある。しかし、だからこそ、この確率現象についての数学的な知識は、世界を見るうえで冷静な判断力を与えてくれることになるわけである。

†オイラー定数

確率マメ知識をもうひとつ提供しよう。これも、幾何分布について知っておいて損のない法則のひとつである。

今、故障確率pが十分小さいような機械を例にとって説明しよう。この機械が次に故障するまでの運転回数の期待値は「p分の1」であることはさっき説明した。また、この期待値（p分の1）以前に故障が起きる確率は半分の0・5より高いことも解説した。実はpが十分小さいときは、この確率（平均値である「p分の1」回目以前に故障が起きる確率）は、ほぼ一定値になるのである。

実際、平均値以前に故障する確率と平均値よりあとに故障する確率の比は、（e−1）：1であることが数学的に証明できる。ここでeというのは、高校生や大学生が教わる「自然対数の底」あるいは「**オイラー定数**」というもので、円周率と並ぶ有名な無理数であり、おおよそ e＝2.718 である。したがって、さっきの比はおおよそ 17：10（＝0.62：0.38）ということになる。故障確率10分の1の機械の例は、おおよそこの値になっていたことを読み直して確認してほしい。

†ナンセンスな「読み」

世の中にはサイコロやルーレットやコインなどを用いたギャンブルに、「読み」を入れる人があんがい多い。こういう人は、どうやらふたつのタイプが存在しているようだ。第一のタイプは、「今起きたことは次には起きないだろう」と考えがちなタイプ。このタイプの人は、たとえば、ルーレットで赤が出たら、次は黒に賭ける傾向がある。第二のタイプは、逆に「今起きたことが傾向として次も続くだろう」と考えがちなタイプ。このタイプの人は、赤が出たあとは赤に賭けがちである。もちろん、数学的にはどちらの考えもナンセンスである。

この記述を読んで、「そんなおろかな人がいるもんか」と鼻で笑った読者の方もおられるかもしれない。では、こういう史実を聞いたらどう思うだろうか。前世紀の世界大戦中、兵士の多くは、戦場での爆撃の中で爆弾によってできた穴に身を隠したそうである。この行動の理由はなんだろうか。それは、「1度爆弾の落ちた場所には2度爆弾が落ちる可能性は少ないだろう」という、第一のタイプの確率判断であることは疑いない。人間は命の危険にさらされたとき、えてしてこのような潜在意識に持っている確率判断のひずみを表出するものではなかろうか(この習性を扱った推理小説もある。泡坂妻夫「DL2号機事件」

（『亜愛一郎の狼狽』創元推理文庫所収）という傑作短編である）。

†幾何分布は「記憶」を持たない

さて、今、どちらのタイプの考えもナンセンスだと断じた。このことを幾何分布を使って論証しよう。

今、なんらかの試行において、あるできごとが起きることを「成功」と呼ぶことにしよう。ただし、この場合の「成功」は、決して「いいこと」ばかりとは限らない。たとえば、「サイコロを投げて6の目が出る」ことを「成功」と呼んだり、「あるプロ野球チームが試合をして負ける」ことも「成功」と呼んだり、「ある機械を運転してみたら故障すること」も「成功」と呼んだりする、ということを念頭に置いておいてほしい。

次に、「試行を始めてから何回ではじめて成功するか」を確率現象としてとらえるとしよう。これが幾何分布の正式の定義である。機械の故障の例は前に扱ったが、サイコロの6の目が出るという例も、野球チームの敗戦の例も、同じように幾何分布の一種になる。

幾何分布の面白い性質とは次のものである。それは1度「成功」（ないし「成功でない」）が起きたあとで、次の「成功」が何回目で起きるかという確率分布（さっきの図のような横軸に回数、縦軸に確率を設定した棒グラフ）は元と同じままである、そういう性質である。

機械の故障の例では、このことは前提としてさらりと解説してしまった。つまり、機械で1度故障が起きたあと、次の故障が起きるまでの確率表は元と同一のものであることを暗黙の前提として議論を進行させたのだが、実は、このとき「故障しない」というできごとが起きたあとを考えても、その後の確率グラフは元と同一なのである。

以上のことは、サイコロでも成り立っている。「6の目がはじめて出るのは何回投げたときか」という確率を考えよう。たとえば1回投げてはじめて6の目が出る確率は6分の1、2回投げたときにはじめて6の目が出る確率は（6分の5）×（6分の1）で36分の5、といった具合である。この確率は、直前に起きた結果になんら影響を受けない、という性質を持っているというのである。

たとえば、今サイコロを投げて6の目が出なかった、としよう。このとき、またサイコロを投げ始めて何回目にしてはじめて6の目が出るか、この確率分布を計算しても、その確率分布のグラフはなんら変更されない。つまり、次の1回ではじめて6の目が出る確率はさっきと同じく6分の1だし、次に2回投げたときにはじめて6の目が出る確率も同じく36分の5というしだいである。このことは、直感的にあたりまえだ、という人も多かろう（あれれ？　と思った人で、高校程度の確率がわかっている人は、「**条件付確率**」の計算をしてみればいい)。

このように、今起きた結果が、今後の確率分布に影響を与えず、同じ分布がつねに割り当て続けられる確率現象の性質を、専門のことばで「**無記憶性**」という。サイコロの目は、過去の結果についての「記憶」を持たず、つねに同じ未来の可能性を持ち続ける、という「無記憶性」という性質を備え持っているのだ。だから、サイコロ賭博において、今までの出目から、今後の目を推理することには、なんら合理性がないのである。

†無記憶性は実験でも確認されている

「サイコロが記憶を持たない」については、多くの読者が「そりゃそうだろう」と思われるかもしれないが、「機械が記憶を持たない」というと、「ちょっと待ってくれ」とおっしゃる気がする。実はこのことはいくつかの実験で確認されていることなので疑っても仕方ないのだ。ひとつの実験例を示しておく(蓑谷千凰彦『統計学のはなし』東京図書)。

表3は、真空管の寿命を実験によって調べたものである(真空管というのは、30~40年くらい前までは、テレビやラジオやオーディオなどの電化製品には欠かせないものだった。しかし、トランジスタやダイオードの開発とともに今ではほとんど使われなくなっている。往年のオーディオファンの中年男性には、いまだにこだわりを持って真空管のアンプを使っている人がいるそ

表3　真空管の寿命
（蓑谷千凰彦『統計学のはなし』東京図書より）

寿命時間	代表する寿命時間 k	度数	確率	モデルの確率
0-100時間	50時間	29	0.0029	0.00279
100-200	150	22	0.0022	0.00201
200-300	250	12	0.0012	0.00145
300-400	350	10	0.0010	0.00104
400-600	500	10	0.0005	0.00064
600-800	700	9	0.00045	0.00033
800-1200	1000	8	0.0002	0.00012

うであるが)。

この表は、全部で１００本の真空管を連続使用して、その寿命を調べたものだ。一番左の列が、切れるまでの時間幅で、真中の列がその間に寿命の来た真空管の数である。ここで、真空管がk時間で切れる確率を次のように求める。

たとえば、最後の段では、８００時間から１２００時間の間に寿命のきた真空管が８本あることを表している。それは全１００本に対しての０・０８の比率にあたる。４００時間の幅のうちに、０・０８の割合の真空管に寿命がくるので、この区間では１時間平均で 0.08÷400＝0.0002 の割合の真空管が寿命になると換算されるわけだ。したがって、これらの真空管は８００から１２００の真ん中を代表にとって、１０００時間目に切れると考えよう。以上により最終段が表しているのは、１０００時間目に真空管の寿命が来る確率は０・０００２ということになるのである。これで確率表ができる。

実は、この確率表が幾何分布にとても近いことが計算によって判明する。実際、この表からデータ平均（「代表する寿命時間」×確率の合計）をとることで、「次の1時間に真空管が切れる確率」はp＝0・00327だと推定できる。これを使って、仮にデータが幾何分布に従っているとみなして、k時間目に寿命が来る幾何分布の確率を計算してみる（これは、サイコロにおいて、次の1回で6の目の出る確率が6分の1であることを前提に、あとk回投げてはじめて6の目が出る確率を計算したものに対応している）。それが表の最後の列になる。これと隣の列の確率表とを見比べてみよう。現実の実験データから推定された確率とpから理論的に計算された幾何分布の確率がかなりいい精度で一致しているのが見て取れるだろう。

つまり真空管の寿命は幾何分布と考えてよい。だから真空管はサイコロと同じように、「記憶を持たない」ということになる。たとえば、使用し始めて200時間の真空管があるとして、これがあと何時間後に寿命が来るかは、新品の真空管の寿命があと何時間後に来るか、と同じだということになるのである。意外なことだが事実なのだ。

†人間と機械との確率論的な違い

人間の寿命は、いうまでもなく確率現象である。「死」というできごとを「成功」と呼ぶのはあんまりだが、目をつぶって「成功」と呼べば、これが幾何分布であるかどうかは、興味深いことである。人間の生存確率の表4を眺めてみよう。以下のようになっている。

表4　人間の生存確率

年齢	生存率
0	1.000
5	0.981
10	0.978
15	0.976
20	0.971
25	0.964
30	0.957
35	0.946
40	0.937
45	0.921
50	0.897
55	0.862
60	0.806
65	0.721
70	0.596
75	0.435
80	0.261
85	0.117

この表は、0歳児の人口を1としたとき、この世代の人のうち、x歳でまだ生存している人の比率を表にしたものである。だから、見方を変えれば0歳の1人の幼児がx歳まで生き残る確率を表しているといえる。

この表でわかるように、生まれたばかりの幼児のうち、10年後に生きている比率は0・978だが、現在70歳の人のうち、10年後に生きているのは、0・596の比率のうちの0・261にあたる。つまり、0.261÷0.596＝0.438が70歳のとき生きていて80歳でも生きている人の比率となる。これは明らかに幼児のものとは異なっている。つまり、人間の寿命という確率現象は、「無記憶性」という性質を備えてはいないのだ。これは、人間の体が「今まで何年生きてきたか」ということを、ちゃんと記憶していることを意味している。つまり、確率現象として見た場合、人間はサイコロや機械とは違う存在だとわかった

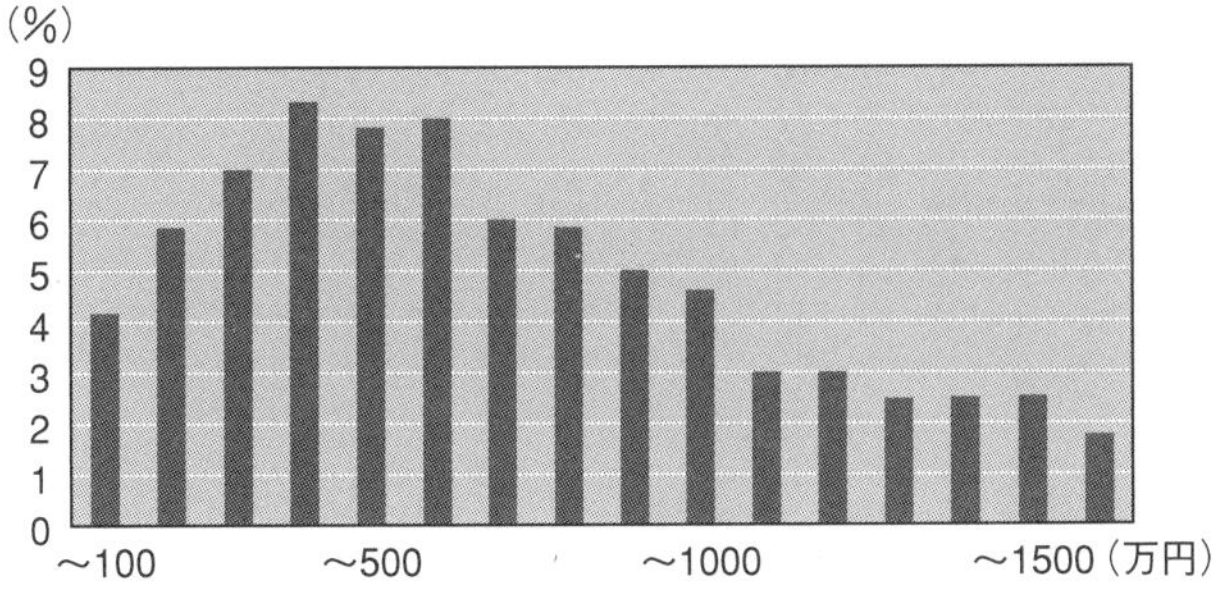

図9　家計貯蓄

のである。

†よそのうちが金持ちに見えるわけ

ちょっと前のデータで恐縮だが、平成3年（1991年）の日本における家計の貯蓄の平均値は1128万円であった。これを話すと、たいていの友人や教えている学生たちは即座に「嘘だあ」という。それは、自分の家や知り合いの家を総合的に鑑みて、こんなに貯蓄のある人たちとは思えないからであろう。しかしこのデータが事実なのだとすれば、「もしかして貧乏なのは、自分だけか」と疑心暗鬼になってくるというもの。

ここで確率の知識があれば、これが「さもありなん」と納得できるのだ。実は、この理由は、幾何分布で解説したものと同じなのである。

まず家計の貯蓄のグラフを見てみよう。図9のようなものになる。幾何分布と同じ特徴を持っている。小さい値のデータの頻度が大きく、データがある程度大きくなると頻度は減少関数となっている。そうはいっても、かなり大きいデータでも、頻度は小さいながら存在はしているのである。

こういうときに、「平均値」と「頻度が五分五分の位置」（中央値＝メジアン）とがずれることは前に解説した。貯蓄額のデータでも、まさにこれが起きているのである。貯蓄額の順位でいってちょうど真ん中にあたるのは、740万円にあたる家計である。まあ、いってみれば、これが「中流家庭」の実態といってよかろう。しかし、平均値が1128万円となって、中央値と大きく乖離してしまうのは、少数ながらも非常に大きな貯蓄を持っている家計、いわゆる「大金持ち」が存在するからである。彼らの貯蓄額が平均値を真ん中からずらしてしまうのだ。この「平均値とわれわれの確率感覚とがずれる」仕組みこそが、まさに幾何分布でお話したものなのである。

ちなみに、「最もよく見かける貯蓄額の家計」となると、グラフから明らかなように、もっと貯蓄の少ない300〜600万円あたりの家計である（これは統計用語で「**最頻値**」＝モードである）。ちなみに同じような傾向は、年収のデータにも現れる。どの数値を実態として代表させるかは、その統計の目的によるのだが、それはとにかくとして、確率・統計的な基礎知識があれば少なくとも自分の身の上を貧乏人だと無意味に案じなくて済むことだけは確かだ。

†統計力学と貯蓄の分布

ところで、家計貯蓄の分布はどうしてこういうグラフになるのだろうか。これについて、西野友年『ゼロから学ぶエントロピー』(講談社)に面白い説明を見つけたので紹介しておこう。

本論から離れるので、エントロピーとは何であるかについては深入りしないが、熱現象を扱う物理学の基本的な概念である。熱現象を解明する物理学で、統計を利用する物理理論がお目見えした。このことは、第1章のエコノフィジックスのところでもちらっと解説したが、要するに、熱現象とは分子が動き回るそのエネルギーによって生じるものである。気体の中には、分子たちが(1のあとに0が23個もつながるケタ数ほど)たくさんの個数入っていて、それらがあっちこっちと飛び回っている。その個数があまりに多いので、ニュートンの力学法則でこの運動を計算するのは至難の業である。そんなわけで統計を使うのであった。

この統計力学の手法によって家計の貯蓄の分布の仕組みを提示できる、というのだから学問というのは面白い。その方法をおおまかにのぞいてみることにしよう。

今、総資産(国民の持っている貯蓄をかき集めたものを想定してくれればいい)をM円とする。そして、家計の総数をN世帯としよう。M円をN世帯で分配する、その分配の仕方は非常にたくさんある。それをK通りとしておく。今、この分配の仕方K通りのいずれかが実現するのだが、K通りどれでも起きる可能性は均等だと仮定してみよう。非現実的だというのは、読んだあとにしてほしい。あくまで「仮に」の話なのである。

このとき、ある家計の貯蓄がx円となる確率をxに関する分布として導出しよう。MやNがあまりに大きいのでは計算が大変なので、小さい例を具体的に列挙してみる。M＝3円、N＝3世帯の場合をやろう。今、三つの世帯のそれぞれの貯蓄を組み合わせたものを(a,b,c)と書くことにすれば、全可能性は(0,0,3)、(0,1,2)、(0,2,1)、(0,3,0)、(1,0,2)、(1,1,1)、(1,2,0)、(2,0,1)、(2,1,0)、(3,0,0)の10通りである。このどれもが起きる可能性が同一であるとすれば、第一の家計の貯蓄が0円である確率は10個のうち4個で0・4、1円である確率は0・3、2円である確率は0・2、3円である確率は0・1となる。つまり、ひとつの家計が金持ちである確率は貧乏である確率に比べて格段に小さいわけだ。

この計算を十分大きいM円とN世帯で行うと、面白いことに、結果は幾何分布（を連続化した指数分布）になることが示される。つまり、前節でお見せした実際の家計の貯蓄分布と似通った分布になるわけである。実はこの計算が統計力学における熱平衡状態の分子の位置や速度の分布を導く計算と同じなのである。

もちろんこの家計貯蓄との一致は、偶然かもしれない。統計力学では、熱現象を分子のランダムな運動の結果とみなすのだが、分子は「物質」だからこの仮定は直感的に間違ってはいないし、また実験によっても検証されているから信憑性がある。それに対して、人間社会の家計貯蓄は、人間の生臭い意思決定がかかわっているし、また、歴史によってかなりの程度しばりがかかっている。だから、さきほどの「どれもが起きる可能性が同一であるとすれば」という仮定は妥当でない心配は強い。

そうはいっても、この統計力学的な分析方法が、現実の家計貯蓄の分布の形状を引き出せてしまうわけだから、完全にとんちんかんな方法として捨ててしまうのも、もったいないことである。もしかしたら、人間社会にも、分子の運動のような「ランダムネス（でたらめさ）」が潜在しているのかもしれない。確率・統計の理論は、人間社会の生臭いところまで手が届く可能性はない、とは断じることはできまい。

以上でこの章を終えるが、読んでくれた諸氏は、確率・統計の見方になじむことは、めぐりめぐって、社会の成り立ちを見抜く眼力を養うことになる、そう感じてくれたのではなかろうか。

Ⅲ
確率と意思決定

第7章　ビジネスに役立つベイズ推定

†ベイズ理論とはなんだ

「**ベイズ理論**」ということばは、学者でない人でも、特定の分野の人ならときどき耳にするだろうが、反面、さっぱり聞いたことのない人も多いだろう。ベイズ理論は、確率的な推測の方法のひとつである。第2章で解説したように、基礎的な統計学で習う方法（こっちは、フィッシャー＝ネイマン統計という）は、「頻度主義」の立場に立っているもので、このベイズ理論による推定は、「主観的・心理的な確率」の立場に立つものなのである。

さて、このベイズ理論というのが、今、一部ではすごい注目を浴びている。理由は簡単で、「ビジネスに使えそう」だからである。いや、実際もう活用されているのだ。例をあげよう。

まず、身近なところでいえば、ウインドウズのソフトの中に導入されている。それから、ファクシミリなどの画像の質向上にも応用されている。はたまた、図書などの分類ソフトとしても使われている。さらには、うっとうしいスパンメール（要するに、ゴミメールのことだ）を排除するスパンメール・フィルターなどでも力を発揮している。見る人が見れば、世の中ベイズだらけなのだ（ちょっといいすぎか）。

現状はこんな風だから、勘のいい人なら、「ベイズは稼ぎになる！」と直感するだろう。そのベイズ理論とはどんなものなのか。そのあらましをこの章で解説してみることにしよう。

†確率を推測する手段

ベイズ理論のツボを、まず簡単な例を使って説明してみることにする。

前の章で2度触れた「機械の故障確率」をふたたび取り上げよう。今、ある機械の1回の運転での故障確率を知りたいとする。一番素直な方法は、この機械を100回ほど試運転して、そのうち何回故障が起きたかをカウントすればいい。たとえば、10回故障したなら、10÷100 から故障確率は0・1だと推定できる。これこそがいわゆる「**統計的推定**」というものである。この方法は、「たくさん試行を行えば、確率的な特性ははっきりするものだ」という頻度主義の発想に依拠している。

しかしこれは、いくら自然とはいえ、１００回も（あるいはもっとたくさん）試運転をくり返さなくてはならなくて、たいへん非効率的である。「科学探究」の場でならともかく、少なくともビジネスにはとても使えない（もちろん、医薬品などの命にかかわる分野では十分大きい統計をとるのが責務であることはいうまでもないが）。

そこで登場するのが「ベイズ理論による推定」、あるいはまんま「**ベイズ推定**」というものなのだ。どうやるのか。

まず仕組みをわかりやすく解説するため、以下のような便宜的な仮定をしよう。機械には故障が多いＡタイプ（不良品）のものと、故障が比較的少ないＢタイプのものだけがあり、Ａタイプの故障確率は０・２（つまり5回に1回は故障する）、Ｂタイプの故障確率は０・１（つまり10回に1回は故障する）とし、このことを実験者は知識として知っているとするのである。これは非現実的な仮定だが、こういう仮定を置かない自然な方法はあとで解説するので、今はとりあえず話をわかりやすくする便宜だと思って読み進んでほしい。

さて、試運転をまだ1回もしないうちに、目の前にある機械がＡタイプのものかＢタイプのものか、その可能性をどう考えるべきだろう。さきほど解説した統計的推定では、この段階では何も語らない。あたりまえである。データがひとつもないから、「統計する」

ことはできない。しかし、ベイズ推定ではこの段階でも「AタイプかBタイプか」に推定を下すのだ。何も情報がないので、どう考えてもいいが、とりあえず「五分五分」を割り当てよう（他を割り当ててもいい）。これを「事前分布」という。

次に、1回試運転をして、機械がいきなり故障したとしよう。これでデータをひとつ得たことになるが、このデータから「AタイプかBタイプか」についての推定をどう下したらいいだろう。統計的推定では、やはり何も語れない。データが1個ではいくらなんでも少なすぎるからだ。しかし、ベイズ推定ではこの段階でも推定を実行する。さきほど、データのない段階では「AタイプかBタイプかは五分五分」としていたものを、この1回の試運転の結果を元に修正するのである。どうやるか。図を見てみよう。

まず事前分布では、Aである可能性とBである可能性は五分五分と推測しているから、図10の左側のように可能性を表す面積1の長方形はAを表す部分とBを表す部分に等分されている。すなわち左右の面積はともに0・5である。次に、「故障が起きる」という確率的なできごとをこの長方形に書き込もう。それが図10の中央である。仮に目の前の機械がAタイプなら、故障確率は0・2であるから、「目の前の機械がAタイプであり、そのうえ故障する」確率はグレーの領域の面積 0.5×0.2 に該当する。同じように、「目の前の機械がBタイプであり、そのうえ故障する」確率は斜線の領域の面積 0.5×0.1 になる。

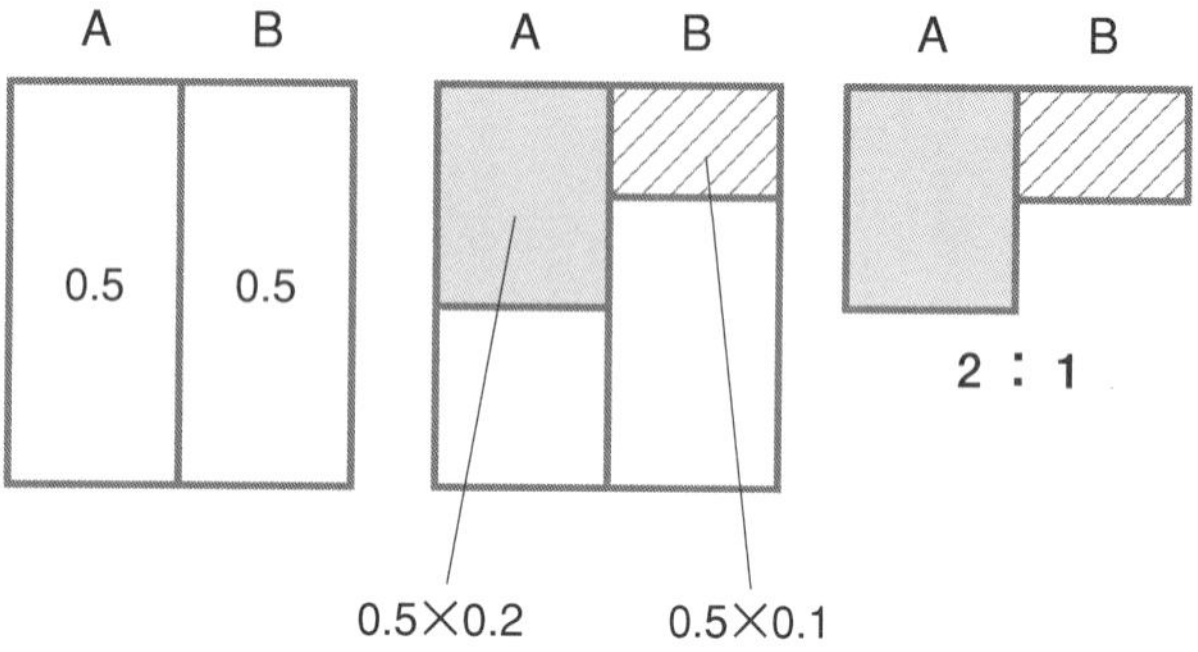

図10　ベイズ推定のプロセス

さて、今、データ「故障した」が得られたのだから、グレーの領域か斜線の領域か、可能性はそのふたつに絞られる（空白部分である可能性が消滅した）。これが図10の右側である。その面積比（可能性の比）は0.5×0.2：0.5×0.1＝2：1となるから、この比をAタイプである可能性とBタイプである可能性の比と考えるのは、妥当なことであろう。したがって、「1回故障した」というデータを得た時点での「Aタイプだろう」という推定を確率3分の2、「Bタイプだろう」という推定を確率3分の1とする。これを、データを得たあとの「事後分布」という。以上がベイズ推定の極意なのである。

†ベイズ推定の良いところ、悪いところ

今の説明で、統計的推定とベイズ推定の違いがおおよそわかっていただけたのではないだろうか。**統計的**

推定では、データがたくさんないと何もできない。データをたくさん得たあとに、「Aタイプだ」、「Bタイプだ」の一方を断言するのである。それに対して、**ベイズ推定では、データが少なくても、あるいは全くデータがない段階でも推定ができる。**そのかわり、推定はあいまいなものになり、「Aタイプ、Bタイプ、両方の可能性があるけど、どっちのが何倍くらいありそうだよ」という形式で答えるのだ。

この違いは大きい。統計的推定が通用するのは、農業における品種改良の成果に関する推定や工場などで同品質商品を大量生産する際の品質管理など限られたマス環境だけだ。ところがベイズ推定のほうは、もっと多種多様の状況に対応できることは明らかである。

しかし、その使い勝手のよさは、かなり「あやしい」方法から来ていることも直感した方が多いと思う。まず、「事前分布」というやつがとんでもない。「他に考えようがないから」という理由で「五分五分」を選んでいる。非科学的と非難されても弁解は難しい。

次に、1個の故障のデータからその「五分五分」という比を「2対1」に修正するわけだが、これは「Aタイプである可能性がBタイプであることより2倍もっともらしい」ということを意味している。確かにAタイプのほうが故障の起きやすい機械だから、故障を起こした今、Aタイプである疑いが濃厚になるのはわかる。しかし、わかるのは「心情的には」ということであり、「科学的に」ではない。

「本当はBタイプだが、偶然1回目に故障してしまった」という不運の結果だったことだってありうるだろう。だから、1回の故障を目撃しただけでAタイプの可能性を有利にしてしまうのは大胆すぎる。そう慎重派の人は疑問をさしはさむことだろう。そしてこう続ける。「もっと多くデータを集めれば、そういう間違いはなくなる」。そう、これがまさに統計的推定の考え方なのである。

実際、ベイズ推定の方法は、歴史的には統計的推定よりずっと前に提唱されたにもかかわらず、その理論的な「いいかげんさ」のゆえにいったん葬り去られてしまった。20世紀初めのことである。そして、統計的推定の理論がスタンダードの座を築いた。ところが、統計的推定では応用範囲が狭いから、なんだか不自由になってきたので、ベイズ推定が勢力を盛り返してきたのである。20世紀後半のことだ。

その背景には、こういう妥協があったといえる。統計的推定というのは、**物質的な確率**を基礎としたものだが、ベイズ推定は**心理的な確率**を基礎にしている。だから、多少いいかげんでも、その信頼の限界をわきまえればいいじゃないか、と。いわば大胆なひらきなおりによって、ベイズ理論は息を吹き返したのであった。

†心理的なものとしての確率

第2章の説明に関連していえば、フィッシャー＝ネイマン流のスタンダードな推定は「頻度主義」に根ざしている。それに対して、ベイズ推定は「サベージ流の心理・主観」に根ざしている。ところで、科学史の研究によれば、確率を「物質的な」ふるまいの記述として扱うより、「心理的な」判断の記述として扱うほうが、歴史が古いそうだ。

たとえば、真実がAなのかBなのかを知りたいとき、われわれは普通、「証拠」を集める。まず証拠xが出てきたとしよう。これによって、われわれは「ああ、Aなのだな」と思う。次なる証拠yが出てきた。すると「ますますAである可能性が濃厚になった」などと考える。しかし、今度は反対の証拠zが出てきた。それで「いやいやBの可能性もないではない」とゆり戻される。そんな風に推論をするのを常としている。つまり、「真実はたぶんAである」という認識を築くプロセスで、証拠を積み上げることによって可能性の濃さを「証明」しようとするわけである。これは、第2章ですでに解説した論理的確率とも相通じるものである。

この「証拠によって真実に対する認識が右往左往する」プロセスは、さきほど解説したベイズ推定のものとそっくりであることにお気づきだろう。AタイプなのかBタイプなのかを知りたいとき、データ「故障した」「故障しなかった」を積み上げる。「故障した」というデータが多くなることは、Aタイプの機械である証拠になる。反対に「故障しない」

というデータが多くなることはBタイプの機械である証拠になる。証拠が積み上がるたびに、確率判断が、AタイプとBタイプの間で揺れるわけである。つまり、ベイズ推定というのは、人類が古くから持っていた不確実性に対する認識を、パスカル以降の確率論を使って、数値化したものだといってよいのだ。

かといって、ベイズ推定が「人間の心理がかかわる営為」にだけ利用されるかというとそうではない。最初にお話ししたように、たとえばファクシミリの画像を高画質にすることなどにも利用されている。送信された画像で不鮮明になった箇所を、元画像を推定することによって修正するわけである。これは、電話回線でノイズがどんな風に混入するかが正確にわかっているためにかなりな精度を確保できるのだ。

また、物質探究の雄である物理学でも、ベイズ推定の発想はひそかに使われている。前に統計力学の解説をしたとき、こんなことをいったのを覚えておられるだろうか。「大量の分子の運動を解析するのに、ニュートンの力学方程式を解くのは事実上不可能であるから、統計を用いる」。たとえば、分子たちが空間のどこにいるのかは、そのありうるすべての組み合わせが同等だと判断して、平衡状態を論じるのである。このことは学者の直感であって、根拠はないのだから、「主観的な推定」だといっていい。このような仮定を、ベイズ推定における「事前分布」の考え方と同じものだと説明する物理学者もいる（伊庭幸人『ベイズ統計と統計物理』岩波書店など)。つまり物質現象にもベイズ推定は十分使えるのである。

さて、このベイズ推定には他にもさまざまな数学的な便宜性・操作性がある。それらについては、拙著『確率的発想法』(NHKブックス)や『サイバー経済学』(集英社新書)で勉強していただくとして、本書ではベイズ推定をどう使いこなすことができるかに焦点を合わせて突き進んでいくことにしよう。

†タイプの候補者が与えられていない場合はどうやる

さきほどの例では、機械は故障確率0・2のAタイプか故障確率0・1のBタイプかあらかじめ知っていた。これは、実際的とはいえない。われわれは普段、こんな都合のいい知識は持っていない。では、もっと一般的な状況の中で、どうやって機械の真の故障確率を推測したらいいか、その方法のひとつを紹介することにしよう。

まず、目の前にある機械の真の故障確率をqとする。このパラメーターqがいかほどであるかを推定したいのである。さきほどの例では $q=0.2$ か $q=0.1$ かどちらかだと知っていた。今は、そういうことは知らないものとして始めよう。故障確率qは0以上1以下の数であること以外何もわからないとする。

まず、まだ運転しない段階で各qの数値について、それぞれがどの程度もっともらしいかを決める。これが事前分布である。何もわからないのだから、どのqも対等であると考えるのが自然である（図11）。この図では、qのもっともらしさを表す数値P(q)は、すべて1で、水平の線になっている。つまり、どのqも同じくらいもっともらしいというわけだ。

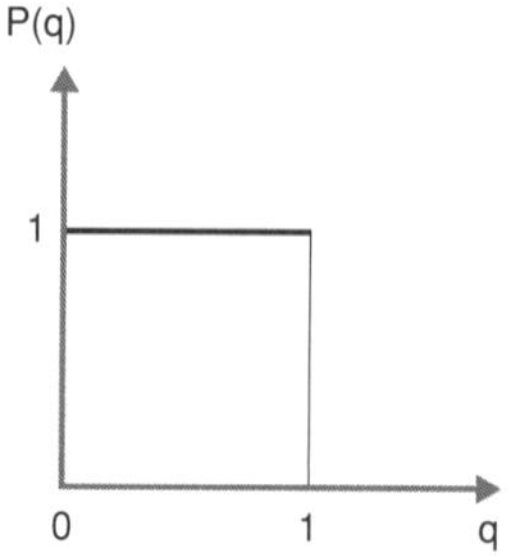

図11　事前分布

次に1回故障が起きたあとで、この「qであることのもっともらしさP(q)」のグラフを修正することにする。今、実際に故障が起きたのだから、どのqの数値も同じようなもっともらしさだとは考えられなくなる。たとえば、極端な話、q＝0.001であるのと、q＝0.5であるのとは同等ではあるまい。実際q＝0.001なのだとすると、1000分の1で起きるような奇跡的なできごとが目前で起きたことになる。これはちょっと想定しがたい。少なくとも五分五分（q＝0.5）で起きるできごとが目前で起きた、というのに比べて同じだとは絶対いえまい。どちらだ、と問われるなら、誰もが文句なく後者をとるだろう。

では、たとえば、q＝0.3である可能性とq＝0.8である可能性とを比べるとどんな結論が出てくるべきだろうか。今、「q＝0.3で、かつ故障が起きる」という確率を計算してみよう。ここで「q＝0.3であるもっともらしさ」をP(0.3)と書くことにすれば、これと「q＝0.3の仮定のもとでの故障する確率」＝0・3を掛けて、

「q＝0.3でかつ故障が起きる」確率＝P(0.3)×0.3

となる。同じように、

「q＝0.8でかつ故障が起きる」確率＝P(0.8)×0.8

となる。ところで事前分布として、さっき「どのqも対等である」と仮定したのだから、もっともらしさについては、P(0.3)＝P(0.8)（＝1）である。だから、「q＝0.3でかつ故障が起きる」確率と「q＝0.8でかつ故障が起きる」確率の比は、0.3：0.8となる。

これはどんなqのふたつの数値を比べても同様になるはず。したがって、1回故障したデータを得たあとには、最初は同等だったqのもっともらしさP(q)は、「qの数値に比例してもっともらしい」という風に修正されるべきだということがわかる。

そんなわけで、どんな数に対しても、「qがその数であるもっともらしさP(q)」のグラフは、図12（145頁）の右側のようにその数に比例して大きくなる直線となるだろう。q＝0.3であるもっともらしさは、q＝0.1であるもっともらしさの3倍であり、q＝0.8であるもっともらしさは、q＝0.1であるもっともらしさの8倍であり、という具合であ

る（三角形は面積＝全確率＝1となるように調整する）。

†代表的数値の選び方

以上で、qに関する事前分布のグラフと、1回故障したというデータから修正されたqのもっともらしさのグラフが得られたが、これらは0から1までの各数について、それがqであるもっともらしさを比較するものであり、「じゃあ、qは結局いくつと考えればいいのよ」という要求には答えていない。そこで、これらのグラフを元にして、qとして「代表的である」と考えられる数値を選出することにしよう。

まず事前分布（図12の左側）をもとにして、qの中の代表的数値を選ぶには、正方形の重心（つまり、正方形の板をq軸上で支えて、やじろべえのようにバランスをとる場所）を使うのが一般的である。これは前に紹介した「期待値」と同じものである。これが2分の1であることは明白だろう。つまり、何もデータがないときの「故障確率q」の推定値は2分の1なのである。

次に、1回故障が起きたあとの事後分布のグラフ図12の右側の場合に同じことを行おう。三角形の重心の知識からqの代表的な数値として3分の2が選ばれるのである。つまり、1回目の故障データから、「故障確率q」の推定値は、3分の2と修正されることとなっ

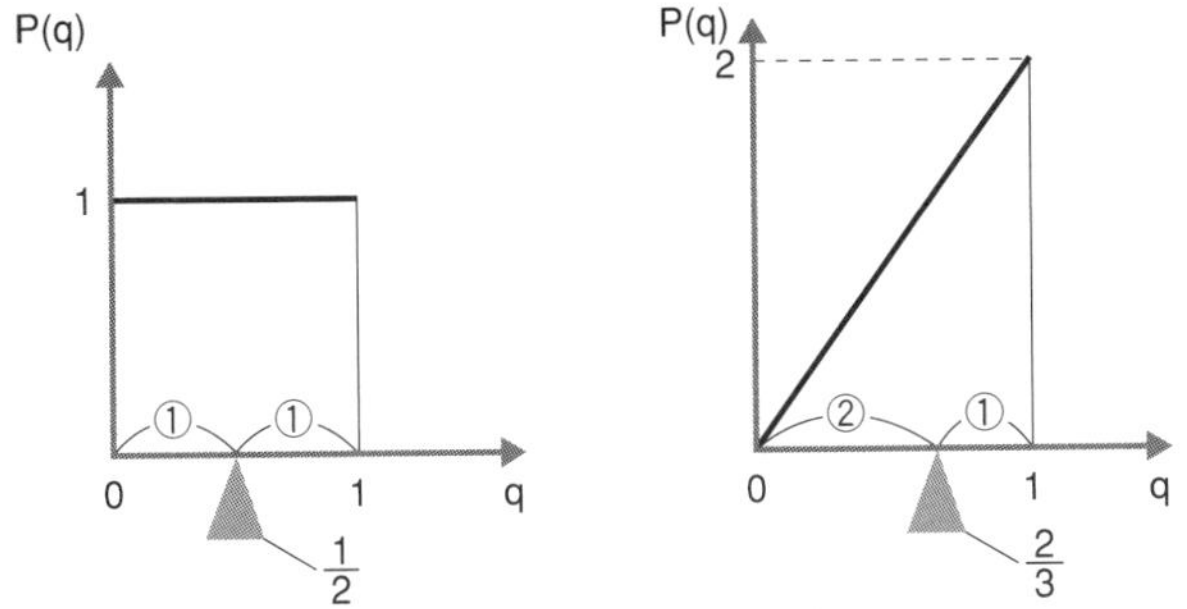

図12　重心の移動

た（ここでは重心を使ったが、ほかの指標を利用する例もある。どんな指標を使うかは、まず、指標たちに関して過誤のリスクの基準計算をひとつ設置し、そのリスクを最小にする指標を選ぶのが一般に取り入れられている方法である。リスク計算を変えれば、選ばれる指標も変わる。重心＝期待値はあるリスク計算に関して、そのリスクを最小にする指標となっている）。

以上をまとめると、何もデータがないうちは、機械の故障確率を $q=1/2$ と推定する。これは大きすぎるように思うが、最初の設定だからそもそもあてにならないので、なんでもかまわない。次に1回目の運転で故障したことより、故障確率の推定は $q=2/3$ と推定されることになる。1回故障しただけで故障確率を3分の2と推定するのは、ちょっと大きすぎる数値のようにも感じるだろう。これは最初に2分の1を仮定したことの影響である。しかしご安心あれ。このような数値操作をくり返すと、たくさんのデータを得たあとは、qの推定値は「真実の故障確率」に近づいていくことが数学的に証明されているのだ。

†スパンメールを自動的にゴミ箱に移す方法

以上のようなベイズ推定は、何かの役に立つのか、というと、冒頭にもお話ししたようにビジネスに大いに役立つのである。

ベイズ推定というのは、簡単にまとめると、「ものごとの特性を表すバロメーターqを、時々刻々と入手されるデータを証拠として利用しながら、修正していくシステム」である。たとえば、バロメーターqが故障確率のときは、試運転によって故障したり故障しなかったりするそのデータを証拠として利用して修正していくのだった。このような方式は、非常に大きな適用範囲を持っている。というか、さきほど述べたように、人間が自然に行っている推理のシステムが、そもそもこのような方式なのだから、どんなものにも適用できるといっても過言ではないのだ。

この分野で、今、実際に利用者を増やしているのが、「スパンメール・フィルター」というものである。スパンメールというのは、いかがわしい商品販売やあやしげなビジネス勧誘のために、ランダムに送付されてくるメールである。多くの人が迷惑しているに違いない。これらのメールを自動的に摘発して、「こいつはスパンメールかもよ」というシグナルを送ってくれるソフト、それが「スパンメール・フィルター」なのである。プロバイダーそのものが導入しているところもあるし、また、個人がインストールして、自分でスパンメールを分類排除する方法もある。

余談になるが、筆者が契約しているプロバイダーは、だいぶ前にこのようなフィルターを導入した。そのとき「スパンメールを知らせるシステムを導入しましたよ」というお知らせのメールを送ってくれたのはいいが、プログラムミスのため、その同じメールがそれこそいなごの大群のように何度も何度も襲来した。このときは「お前こそスパンメールじゃん」と笑ってしまったものだった。

さて、スパンメール・フィルターがどんなものであるか、その原理を簡略化して説明しよう。メールを普段利用している人ならわかることだが、スパンメールはだいたい読まなくても見たとたんわかる特徴がある。たとえば、海外から来るメールで「hello」などとタイトルがついていると怪しい。また、冒頭に「your file」だとか「this file is important」などと書いてあっても、おおよそスパンと思って間違いない。もちろん、そうではなく知り合いからのものである場合もあるからやっかいなのだが、ともあれスパンメールにはいくつか特徴があるのである。

そこで、来たメールがスパンであることをSと書き、知り合いからのメールであることをNと書こう。われわれが知りたいのは、来たメールを読まないうちに「そのメールがSタイプかNタイプかについてのもっともらしさの比」を推定する方法である。これにはベイズ推定が適役なのである。

まず、スパンメールを集めておいて、「hello」という語が入っている割合を計測しておく。また同時に、ノーマルなメールについても、「hello」という語が入っている割合を計測しておく。これは最初の機械の故障の例で、AタイプとBタイプにおいてそれぞれの故障確率を知識として持っている、としたことに対応する。

さて、これを設定したうえで、今、現実に送られてきたメールのタイトルに「hello」という語が入っているかどうかを自動的に検索しよう。たとえば、「hello」という語が入っていたとする。このとき、機械の故障の例と全く同じ図10を利用して、このメールがSタイプであるかNタイプであるかのもっともらしさの比例を計算することができる。

原理は全く同じだ。長方形全体を半々に分け、面積を0・5ずつにする。左がSで右がNである。つぎに、Sタイプのメールが hello を含んでいる確率を面積として計算。同じように、Nタイプのメールが hello を含んでいるほうも面積で表す。実際にこのメールが hello を含んでいる事実から、SタイプかNタイプかのもっともらしさの比例は、このふたつの面積比に該当するのだ。

これさえ計算できれば、あとはどうとでも料理できる。この比を見て、あなた自身が勘で分類してもいいし、あるいは事前に「Sタイプである可能性がNタイプである可能性の4倍以上になったら、自動的にゴミ箱に入れる」というような設定にしておいてもいい。「hello」以外にもスパンメールの証拠となる語をいろいろと用意しておいて、複数の証拠からS、Nの分類をすれば、より正確なフィルタリングを行うことができるだろう。

このソフトウエアのよさは、すぐに使い始めることができる、という点である。統計的推定を使って分類するとなると、いったんメールのサンプルが多数になるまで集積しておいて、そのあとにデータ解析し（専門的にいうと、区間推定とか仮説検定とかを行って）、それからやっと結論をつけることになる。しかし、これじゃあ使えない。

それに対して、ベイズ推定を使うなら、とりあえず現状持っているサンプルから、徐々に推定を積み上げることができるから嬉しい。もちろん、最初は解析度をあまり期待できないから、スパンと判定されてもいちいちメールを確認する必要がある。しかし、そうこうするうちに、フィルターソフトがだんだん学習していってくれて、いつのまにか有効性のあるものに成長してくれるのだから、それをじっと待てばいいのである。

実は、**このような「学習機能」こそが、ベイズ推定の持っている特長を端的に言い換え**

たものだといえるのだ。

†ベイズ推定を、ビジネスに活かす

このようなベイズ推定の応用範囲は、思いっきり広いといえる。アイデアしだいではビジネスのビッグチャンスにつながるだろう。

一例をあげてみる。たとえば、あなたがネットショップを経営しているとしよう。ホームページには、多種多様の商品を並べている。しかし、商品数にはトレードオフがある。商品数が少ないと、「品揃えの悪い店」と思われて、客足は遠のく。とはいっても、商品数が多いと、全部を眺めるには時間がかかり、とりわけホームページの場合、ページをめくっているうちに飽きてきて、購買意欲がそがれてしまうだろう。

こういうときに、ベイズ推定が効力を発揮するのだ。アクセスした人がどれをどんな順序でクリックしたか、また購入したか、しなかったか、これらは自動的に集積できるたぐいのデータである。このデータ集積を使うと、「ホームページ上でどういう行動をとる人が商品を買うのか」、また、「どんな組み合わせで商品を買うか」などをベイズ推定できるようになる。つまり、消費者の「タイプ」に関して、その「もっともらしさの比例」を知ることができるわけだ。

これがわかると、商売には実に有効である。アクセスしてきた消費者のタイプを、おおまかに予想し、その人の関心がある商品にいち早く誘導することが可能になるからだ。消費者は、暇ではない。できるだけ早く用を済ませたいと思っているのは当然だ。時間の節約は売る側に有利に働く。

筆者なども、ネットの商品を眺めているとき、思うように欲しいものに行き着かないでうろうろしているうちに、イライラしてきて面倒になって購買をやめてしまうことも多い。こんなことなら、普通の店舗にいって、売り子に説明を聞いたほうがいいや、と思うからである。これはネットショッピングの抱えるハンディキャップといえる。そのような消費者に課せられた煩雑な検索の手間を省くことができるなら、商品を買ってくれる確率はかなり高くなるだろう。

それどころか、ソフトがうまく仕組まれているなら、消費者は自分でさえ意識していない「潜在意識下の購買意欲」を刺激されてしまうかもしれない。こうなれば棚からボタ餅である。アクセスしてきた消費者たちは、勝手に自分たちの集団としての特性を露《あらわ》にする。その特性をベイズ推定によって自動的にホームページが学習し、ホームページを改定する。改定されたホームページは、どんどんとアクセス消費者集団の購買意欲を刺激する。こんな夢のようなことが、夢ではないかもしれないのである。

ベイズ推定は、21世紀IT社会でのビジネスに、欠かすことのできない力強い助っ人かもしれないのだ。

もちろん、分類したい項目が複雑な組み立てになってくると、確率計算することが容易ではなくなる。こういうときにも、うまい手が開発されているのだ。実は、第3章で紹介した「モンテカルロ法」を利用すればいいのである。モンテカルロ法というのは、「でたらめの積極的利用」のことであった。つまり、ランダムに（でたらめに）データを発生させて、シミュレーションし、それを利用してベイズ推定における「もっともらしさの比例」の近似値を産出するのである。

もちろん手計算のような正確性は期待できないが、ベイズ推定はそもそも事前分布という「いいかげんさ」を抱えているので、多少の誤差はどうでもいいことなのだ。乱数の発生や、それを元にしたベイズ推定も、もちろん手計算では不可能なのだが、コンピュータならこういう作業にめちゃくちゃ強い。21世紀のコンピュータ社会は、ベイズ推定にとって非常に都合のいい社会だといえるのである。

†インフレと失業の関係

最後にもうひとつ、ちょっとアカデミックな応用を見ておこう。経済学への応用例である。

マクロ経済学で、よく知られた統計的事実に「**フィリップス曲線**」というのがある。フィリップスという経済学者が１９５０年代に、イギリスの過去１００年近いデータを用いて、（名目）賃金上昇率と失業率についての関係を調べたのである。そして、これに負の相関関係を見つけた。賃金上昇率とインフレ率は似たようなものなので、これはそのまま失業率とインフレ率との関係とみなすことができる。つまり、失業率とインフレ率との間には、図13のような右下がりの関係があることが主張されたわけである。このような曲線をフィリップス曲線という。

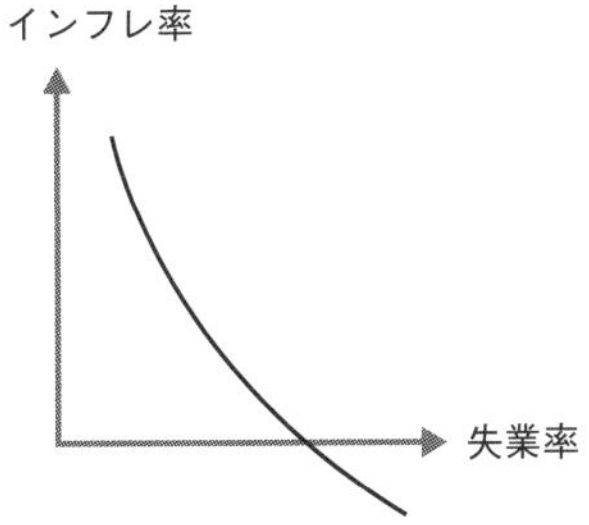

図13　フィリップス曲線

これが何を意味しているのか、というと、「インフレと失業にはトレードオフの関係がある」ということだ。つまり、あっちをたてればこっちがたたず。失業を減らそうとすると物価が上がり、物価上昇を抑えようとすると失業者が出るのである。

つまり、経済政策施行者は、どちらかを改善するにはどちらかを犠牲にしなければならないわけだ（このことは別の角度から、第３章でも解説した）。さて問題は、なぜこのような負の関係が出てくるか、ということである。説明しようとしてみると、実はこれは非常に難しい問題だとわかる。

まず、インフレとは何か。インフレというのは、物価が上昇することであるが、物価が上昇するというのは、もっときちんというと1枚の日銀紙幣で購入できる商品の量が以前よりも少なくなる、あるいは同じことだが、同じ商品を購入するのにもっとたくさんの紙幣が必要になる、そういうことだ。いまでこそ、日本はデフレーション、すなわち物価が下がっているので、インフレの感覚を忘れてしまった人もいるだろうが、40代以上の人なら、物価が徐々に上がる記憶を持っているに違いない。とりわけ、オイルショックのときの狂乱物価は、われわれに「インフレの恐さ」を教えてくれたものだ。

それより前、30年から40年くらい前には「100円亭主」などということばが流行語だった。つまり、サラリーマン亭主は朝、奥さんから100円をもらって家を出て、それで昼飯とたばこ代とコーヒー代などをまかなうのである。今だと、同じ生活をするのに1000円くらいは必要だろうから、これはまさに100円で買えるものが大幅に減少したこと、つまり、物価が上昇したことの証拠である。

ところで伝統的な経済学の立場では、物価水準が実際の生活に実体的な影響を与えるというのは説明しづらい。

たとえば、ラーメン屋とコーヒー屋がいて、毎日、ラーメン屋は1杯のラーメンをコーヒー屋に紙幣1枚で売り、コーヒー屋はラーメン屋にコーヒー1杯を紙幣1枚で売るなら、これは単にコーヒーとラーメンを交換しているにすぎず、仲立ちをしている紙幣に書いてある数字は本質的に関係ない。つまり、その紙幣が1000円札ならラーメンとコーヒーはそれぞれ1000円ということだし、1万円札ならそれぞれの価格は1万円ということだが、どちらであっても、コーヒーとラーメンの交換にはなんら支障はなく、庶民生活には影響がないわけである(年金生活者など、生産活動をせず、確定した額面の日銀紙幣が収入である人は別だが、これは議論から除外しておこう)。

物価というのは、究極的には、物々交換が何枚の紙幣を仲立ちにして行われるか、という「額面の水準」を表しているにすぎない。紙幣というのは、単なる紙で、商品やサービスの交換をスムーズにするものなのであり、労働者の労働と生産物の交換を仲立ちする際、紙幣1枚使われようが、100枚使われようが交換そのものには無関係に思える。貨幣は、経済活動の実質的な部分には影響を与えないように思える。そうであるならば、失業という実体的なものにインフレ率がかかわるのは不思議な事実である。

†貨幣錯覚

そこで、このフィリップス曲線に関して、経済学者のフリードマン、フェルプス、ルーカスなどが「**貨幣錯覚**」という面白い説明を与えた。とりわけルーカスの与えたモデルは、「**合理的期待形成理論**」という一大潮流を生み出したぐらいインパクトの強いものだったのだが、驚くべきことにその背後にはベイズ推定の考え方があるのである。かいつまんで説明することにしよう。

まず先に、わかりやすいたとえ話を提供し、読者に前もってイメージを作っておいてもらうことにする。

今、X君はテストを受けたとする。テストの結果は80点であり、これまでの結果と比べて格段にいい成績であった。このとき、X君は気をよくして勉強する気になるであろう。しかし、用心深い人なら、この話に次のように水を差すに違いない。

「X君だけじゃなくて、みんな成績がよかったんじゃないの?」

もし、そう思ったなら、あなたはいい具合に「リアリスト」である。そう、その可能性を考えなくてはならないのだ。問題は平均点が何点であるか、である。いつも平均点より10点低いぐらいの成績をとってくさっていたX君が80点をとったとき、X君にとって確認すべきことは平均点である。もしも平均点が90点ならこれはいつもと同じ結果なのだ。テストが易しかっただけで、A君の相対的な成績は変わっていない。喜ぶわけにはいかない。

ここで、先生の立場で考えてみよう。もしも生徒たちが、自分たちの成績が相対的に上がった場合、勉強意欲が高まるのを知っていたとする。この場合、先生は易しいテストを作ればいい。テストは夏休みに入ってから郵送で返却し、平均点や順位のデータは与えないでおく。そうすると、生徒たちが相互に情報交換をしない限りにおいて、どの生徒も自分の相対的な成績が上がったと「錯覚」し、みんな勉強してくれるわけである。少なくともこの勉強意欲は、2学期が始まって、平均点が明らかになるまでは続くことになるだろう。

実は、このたとえ話をそのままフィリップス曲線の説明に利用したのが、フリードマン＝フェルプス＝ルーカスの「貨幣錯覚」のモデルだといえるのである。

物価が上がる原因は、おおよそ2タイプに分けることができる。Aタイプは、実物的な環境の変化である。たとえば、石油の産出量が減少して、石油価格が上昇するとか、人口が減少して商品生産量が少なくなる、などがそれにあたる。それに対して、Bタイプは、貨幣的な原因によるもの。これは政府や日銀の政策などで、世の中に出回る日銀紙幣の量が多くなる、ということを意味する。紙幣が多くなれば、相対的に商品は紙幣に対して稀少になり、商品価格は高騰することになるわけだ。

ここで重要なのは、経済合理性から考えて、Aタイプの物価上昇には、人びとは反応すべきだが、Bタイプには反応する必要がない、ということである。石油が稀少になったり、商品が具体的に少なくなったりするのだったら、これは生活を直撃するから、もっと働いたほうがいいかもしれない。あるいは、買いだめしたほうがいいかもしれない。しかし、Bタイプの物価上昇に反応する道理がないことは前節で述べた。

生活を支える商品は同じだけ生産されている。交換がスムーズなら生活は何も変わらない。その交換を仲立ちする日銀紙幣の量が増えただけだから、交換するときの数字が多少大きくなるだけなのである。これはさきほど解説したラーメン屋とコーヒー屋の話をもう一度思い浮かべてもらえればわかるだろう。

ここでルーカスたちが注目したのは、次のような点だ。

われわれが知ることができるのは、「物価が実際どのくらい上がったか」というだけであり、その原因がAタイプかBタイプかは、すぐにはわからない、ということである。われわれは、Aタイプの物価上昇にはそれ相応に備えないとならないので、Aタイプであるもっともらしさを推定せざるをえない。

ここで、われわれはベイズ推定をする、と仮定しよう。つまり、物価の数値をデータとして、「原因がAタイプであるのと、Bタイプであるのとのもっともらしさの比例」を推し量るのである。このとき、本当の原因が単なるBタイプの貨幣的なものだけであったとしても、もっともらしさの比例関係の推定は0：1とはならない。われわれはAタイプの可能性を多少は残した比例関係にせざるをえないのだ。このことは、機械の故障の例を振り返ればわかる。したがって、そのAタイプの可能性に応じた対策としての経済行動を、多少はすることになるだろう。

つまり、実際の原因が完全にBタイプの貨幣的なものであったとしても、われわれはその一部を実物的なAタイプの原因だと「錯覚」して、労働量を増やすなどの対応行動を起こす、というわけだ。これは、テストの高い点数を見て、それが自分の実力上昇なのだと「錯覚」して勉強を開始する学生に対応する。この場合、物価上昇は多少の労働供給の増加を誘発することになるであろう。したがって、無関係に見える物価の上昇（インフレ）が失業率の減少（労働供給の増加）をもたらす、というわけである。

†金融政策のふたつの見方

このようにルーカスたちは、インフレ率と失業率の相関を、「貨幣的な原因の一部を、実物的なものと経済主体たちが錯覚するから」ということから説明した。これを「貨幣錯覚」という。したがって、彼らは、日銀による不況対策のひとつである金融政策、つまり世の中に出回る貨幣の量を増やす政策は、人びとの「貨幣錯覚」の程度ぐらいの効果はあるのだ、と主張する。

これは、ケインズ派が不況の原因を「貨幣の不足」に求め、貨幣を増やすことで景気を回復できる、と主張するのとは全く異なる見解なのである。ケインズ派が、貨幣そのものが実物経済に影響を持っていると考えているのに対して、ルーカスたちは、貨幣は実物経済に何の影響も持たないが、人々の推測はどうやったって不完全なものであるから、そこに「錯覚」が生じて、その部分に貨幣の影響が出る、としているわけだ。

したがって、ルーカスたちは、「長期」にはこのような「錯覚」は消えると主張している。時間がたてば、物価の上昇が実物的なものか貨幣的なものかがはっきりとわかってくるからである。したがって、右下がりのフィリップス曲線とは、短期の推論から現れるものであり、長期の推論からはグラフが垂直に立ってしまうものとなると考える。グラフが垂直に立つ、ということは、インフレ率とは無関係に失業率が一定の水準に固定されることを意味する。これを、フリードマンは「**自然失業率**」と呼ぶ。これは、社会につねに存在している転職や個人都合の失業水準のことである。

さて、ルーカスたちの主張が正しいかどうかは、「われわれが本当に、物価の数値を見たとき、その原因を、〈実物的なものVS貨幣的なもの〉という二分法でとらえ、そこでベイズ推定しているか」という点にかかってくるだろう。その評価は専門の本に譲り、ここでは触れないでおく。それはともかくとして、ベイズ推定の方法論は、このようにマクロ経済学の分野にも有効に利用されているのだ、ということは知っておいて損はない。ベイズ推定は、われわれの日常の推論形式を上手に模したものである以上、広汎な応用範囲があることは当然なのである。

第8章 人は、観測できない世界を見落とす

†続発する企業の不祥事

バブル崩壊後の日本の企業は不調のままだ。21世紀に入って、解消されるどころか、その不調には拍車がかかったといっていい惨状である。昨年（２００４年）あたりから、明るいきざしがささやかれているが、まだ予断は許さない。

この不況の中で、信じられない事件が多々起きた。大きな銀行や証券会社が破綻《はたん》した。政府の金融監督部門が「もう大丈夫」とくり返す中で、またかまたかと潰れていく。業界トップの食品会社が、食中毒の対応を誤って、一気に倒産同然の状況に追い込まれもした。伝統のある自動車会社が、不良品を秘匿したために、あっという間に経営ピンチに陥ってしまっている。また、高層ビルの回転ドアの危険性を知りながら、監督者が放置し、子供

の犠牲者が出る事件が起こり、100を超える自動回転ドアが取り外しとなった。取り付けていたビル側も、ドアの製造会社も大きな損失を被ったことであろう。

このような企業の失態は、外部から見ている限り、首をかしげるしかないことである。どうして未然に防げないのか。なぜすぐにばれるような隠ぺい工作をするのか。トップにリスクが報告されないのはどうしてか。あるいは、トップはなぜ情報を得ていながら、対処をしないのか。

外野に意見をいわせるなら、「企業倫理の崩壊」だとか「ぶったるんでいる」だとか揶《や》揄《ゆ》することだろう。しかし、**それらの正論は、わが身でないから浴びせることができるのだ。当事者には当事者なりの必然性があるに違いない。**少なくとも経済学者として、筆者はそう考える。どんなことにも、必ず幾分かの道理というものがあるはずだ。

この章では、こういった企業経営にまつわる一見理解しがたい意思決定の誤りを、確率の立場からクールな眼で見つめ、そのメカニズムへの接近を試みたいと思う。

†金融破綻リスクの自己言及効果

まず、簡単な例をあげよう。

われわれは、金融機関が倒産したとき、「なぜ当局は、もっと事前にアナウンスしてくれなかったのだ」などと憤る。たとえば、筆者の友人にも、山一證券の破綻のとき、特殊な金融商品を購入していたために元本の一部を失った人がいた。その人に「小島さんは経済学者なんだから、予見して教えてくれるべきだった」などといわれて困ったことがあった。とんだとばっちりだ。金融機関の倒産は、一経済学者に予見して注意をうながすことのできるたぐいのものではない。では、金融当局者なら可能なのだろうか。実はそうではないのだ。金融機関の破綻というのは、口でいうほどに簡単な現象ではないのである。

今、ある金融機関Xの「倒産確率」というものを考えてみよう。実は、この「倒産確率」というのは、普通の確率とは次元の違うものとなる。**普通の物的現象における確率というのは、それ自体は絶対変化しない**。コインを投げる場合、表か裏かの確率は五分五分であるが、これは変化することはない。次に表が出るか裏が出るかは予言できないけれど、その確率が五分五分であることは疑いようのない事実であろう。

機械の「故障確率」でも、それは同じである。「故障確率」というものが、その数値は具体的にはわからず推測の対象でしかないにしても、機械の置かれた環境が同一である限り、その「故障確率」自体は変化することはないと考えられる。しかし、「倒産確率」というのは、そういう物的現象の確率とは違う性質を備え持っているのだ。

預金者にはなにごとも知らされていなかった時点で、その金融機関の資産状態などから、金融当局が「倒産確率は10％である」などとアナウンスしたとしよう。こうアナウンスされた個々の預金者たちは、この「10％」という確率を個人的に解釈することだろう。つまり、主観的確率として受け取るわけである。そして、「これはあかん」と思った一部の預金者は、預金を解約したりするかもしれない。こうなると銀行の資産状態は、最初のものと変化してしまう。当然、倒産確率は10％ではなくなってしまうのである。

つまり、「倒産確率10％」は、それが人びとに知られたとたん、すでに正確さを欠いてしまうわけである。これは、「倒産確率10％」という告知内容が、自らの表現の内部にある「倒産確率」という概念に外側からフィードバックし、影響を与えるに等しい。「倒産確率」というのは、いわばフィードバック・メカニズムを持っているのである。

したがって、「倒産確率」を当局が公表することは、そのこと自体が倒産確率を変化させるので、つねに嘘を述べることになってしまう。はじめから嘘となるのがわかったうえで公表するのは政治家として勇気のいることであろう。

これは経済現象というのが、さまざまな要素が密接にリンクするかたちで成り立っているものであり、特定の部門だけに固有の言及をすることが難しいことに依存しているのだ。金融機関が予期できぬ破綻をするのは、このような経済現象の相互関連性と心理が確率を左右するメカニズムによるのであって、公表しなかった政治家を、「悪辣《あくらつ》な卑怯者」呼ばわりするのは、少しお門違いだといえるのである。

ガンの告知をしない理由

これと同じ現象が医療にも見られる。筆者は以前、なぜ日本の医師は癌《がん》の告知を患者にしないのか、不信感を持った時期があった。欧米の医者は、告知するのが普通だと聞いていたからである。しかし、新聞である内科医師のコメントを読んで、はたと膝を打ったのである。

たとえば、あなたが「あなたは癌に罹患していて、平均すると5年生存率は70%です」と告知されたとする。このとき、告知されなければ70%だった生存率が70%でなくなってしまう可能性があるのだそうだ。つまり、癌を告知されることによって、患者が必要以上に悲観的になってしまうかもしれない。人はストレスによって、抗体が弱まることが知られている。つまり、病気と闘う体内機能が、悲観によって弱体化するかもしれない、というのである。だから、それを恐れて、内科医師は告知を逡巡《しゅんじゅん》するのだそうだ。

これも、**確率が確率の顕示によって変化してしまう例だと考えられる**だろう。

貸し渋りの根拠

このような「確率」のフィードバック現象は、銀行の貸付業務の中にも見られることが指摘されている。ノーベル経済学賞の受賞者スティグリッツはワイエスとの共同研究で、銀行の貸付が、需要と供給をつりあわせる水準のものにならず、供給制限がなされるものであることを、つまり、同じ利子率でも貸してもらえる企業とそうでない企業がある理由を、確率のフィードバックを利用して説明したのである。こんな風にだ。

今、貸付利子率がrという水準であったとする。このとき、rの利子率でお金を借りたい企業がすべて借り受けられるわけではないのが一般的な状況だ。それはどうしてなのか。通常の需要と供給の経済学をあてはめるなら、貸付資金の供給量に比べて、資金借受の需要のほうが多いのだったら、利子率が高騰することによって需要と供給が調整され、借りたい企業はすべて借りることができるようになる、と結論される(このとき、利子率が価格の役割をするのだ)。しかし現実にはそうはならないのである。

それは、高い利子率で借り受ける企業は、リスキィな事業を狙っている企業が多いと銀行が推測するからである。高い利子率は当然企業の元利返済後の収益を低めるから、高い利子率でも借り受けようと考える企業は、事業が成功したあかつきには高収益が期待でき、返済後も十分手元に収益が残る事業に着手するであろう。もちろん、このような事業は成功確率が低いはずだ。しかしこの事業に着手する企業は、失敗したら倒産して債務不履行してしまえばいいと考えるに違いない。一発逆転の作戦をねらっているといってもいい。株式会社は、有限責任であり、倒産した場合、出資者は出資額以上の責任は問われないことが、この作戦へと誘惑することになる。

これは当然、貸付をする銀行にとってはハイ・リスクになる。つまり利子率をrより高めることは、企業をこのようなリスキィな事業の実行へ誘導することになるので、銀行の収益を確率的に低めてしまうことになるのだ。個々の事業の確率は変化しないが、銀行が利子率を変化させることで、自分の顧客である借り手企業がどんな成功確率の事業を選ぶか、その選択を変化させてしまうことになる。このような利子率の確率へのフィードバックが、通常の需要と供給のつりあいを妨害することになっている、というわけなのだ。

†成果主義を考える

確率を使って経営を考えるための次なる例として、流行の成果主義のことを持ち出してみよう。実際、成果主義の問題点を告発する本が今あちこちで話題だ。城繁幸『内側から見た富士通――「成果主義」の崩壊』(光文社)という内部告発の本などはベストセラーになった。

現在、日本の8割以上の企業がなんらかの形で成果主義を導入しているそうだが、当初はこれでやっと日本もタダシイ競争社会になる、と考えられていたのだろう。しかし、いざ施行してみると、オカシイ、何か違う、そんな風に経営者も社員も苛立ってきているように見える。『内側から見た富士通』では、富士通の成果主義導入における失敗の原因の多くを、「管理者側の理解不足」に求めている。管理者は、部下の達成目標など結局は参考にせず、相変わらず欠勤日数や残業時間から評価し、相性の悪い社員に低評価を押し付け、自分たち自身には最終的に「成果主義」を適用しない、そんなていたらくが成果主義の失敗を呼び込んだそうである。

まあ、これが実態なのであろう。こういう生臭い人間社会のしがらみを踏まえたうえで、本書では、別の角度、つまり確率現象の面から検討してみたい。

†働きアリと怠けアリのモデル

ゲーム理論に「**働きアリ・怠けアリゲーム**」という面白いモデルがある。

生物学において、アリの集団を観察すると、「働きアリ」と「怠けアリ」に一定比率で分かれていることが報告されているそうだ。これは実に不思議な現象である。たとえば、仮に働きアリが5割で怠けアリが5割だとしてみよう。このとき、働きアリだけを集めて、精鋭部隊を作ったとする。しかし、このうち5割はやはり怠け出してしまうのである。逆に、怠けアリだけを取り出してダメダメ部隊を作って放っておくとする。驚くなかれ、このうち5割は改心したようにばりばりと働き出すのである。

これは何を意味しているのだろうか。要するに、「働きアリ」とか「怠けアリ」という性質は、個に事前に（あるいは遺伝的に）インプットされている性質ではない、ということなのである。つまり、これらの性質はアリ社会の労働環境に依存して決まってくるものであって、個々のアリのやる気や技量とは無関係ということになるのだろう。

このことをそのまま人間社会にあてはめるのはちょっと乱暴であるが、学校などでの経験から思い当たるふしはある。有能な友だちの中にいるときは、何もしないで世話されているだけのオマメのような子供たちが、たまたまダメダメな子供だけでグループを組まされると、目が覚めたようながんばりを見せることも多い。

もしも、われわれが会社経営をするときにも、社内でこれに類似したメカニズムが働くのだとすると、業績評価をするのには慎重を期す必要があるだろう。なぜなら、「がんばる」「なまける」という行動が、そもそも社員に事前に内在しているものだとも、また、何の偶然の働きもなく本人の意志だけで決定されているともいえないかもしれないからだ。それは「働きアリ」と「怠けアリ」が事前に決まっていないことと同じだ。どちらの行動をとるかは、社内作業の構造や環境に応じて、確率的に決まるのである。

だとすれば、「成果」によって社員を評価するのは、ふたつの意味から妥当ではないかもしれない。第一に、共同作業に対する評価として正当でない可能性がある。そして第二に、そのような評価が、企業業績に向上をもたらさないどころか、逆に負に効果を持つかもしれないからである。

†確率を使って、「働きアリ・怠けアリ」をモデル化する

では、この働きアリ・怠けアリの現象を、確率的なゲーム理論の方法を使って、数理的に説明してみることにしよう。

説明にはこんな寓話（ゲーム）が使われる。アリたちの集団において、たまたま出会った2匹のアリがペアを組んで仕事をするとしよう（このような設定を「**ランダムマッチング**」と呼ぶ）。エサを得る作業は、1匹では無理で、必ず2匹がペアにならないとできないと仮定する。

このときアリの行動戦略はふたつ、「熱心」か「怠け」であるとする。もしも2匹とも「熱心」の戦略をとれば、互いに3点ずつの得点（栄養）を得られる。2匹とも「怠け」なら0点ずつである。さらに一方が「熱心」で他方が「怠け」の場合には、「熱心」が1点、「怠け」が4点となる。

説明を要するのは、最後のパターンであろう。一方が「熱心」で他方が「怠け」の場合、どうして、「怠け」のほうが4点も得られるのか。それは、エサを得るには、労力が必要だからである。このペアは、作業によってとりあえず、あわせて8点分のエサを確保し、4点分ずつ食べるが、がんばったほうは消耗を補うので栄養になるのは1点だけなのである。他方、怠けたアリはすべてが栄養となって4点を得られるという仕組みなのだ。

さて、このような労働構造になっているとき、アリたちの選ぶ戦略はどうなると考えられるだろうか。

幸いにも、全部のアリが怠けることは生じない。そうなったらすべてのアリが栄養にありつけないからだ。だからといって、ほとんどすべてのアリが「熱心」戦略をとる「楽園」も実現されない。なぜだろう。それは、自分がペアを組むとき、相方になるアリが「熱心」戦略をとる確率が高いとわかっているなら、自分は「怠け」のほうがオイシイと気がついてしまうからだ。

このことを具体的に計算で確かめてみよう。今、9割のアリが「熱心」戦略をとっている環境を考えよう。あなたが、アリ作業員の一匹だとして、「熱心」戦略をとっているが、ちょっと疑惑を抱いて、「怠け」戦略に変更してみたい誘惑を持ったとする。

まず、「熱心」戦略である現状を分析しよう。あなたは、9割の確率で「熱心」アリとペアを組み3点の栄養を得て、1割の確率で「怠け」アリと組み1点の栄養を得る。期待値を計算すると、0.9×3+0.1×1=2.8を得ていることになる。

逆に実験的に「怠け」戦略を試してみたとしよう。あなたは、9割の確率で「熱心」アリとペアを組み4点の栄養を得て、1割の確率で「怠け」アリと組み0点の栄養を得る。期待値は0.9×4+0.1×0=3.6になる（期待値については第6章を参照）。

期待値を比べることで、あなたは、「熱心」のほうが損である、と気づいてしまうだろう。そして、「怠け」に戦略を変更するのである。他にも、同じことに気づいたアリが続々と出て、自分の戦略を「怠け」に変えていくだろう。これによって、最初9割だった「熱心」戦略のアリは、どんどんその比率を低めていくことになる。これは個々のアリにとって、「怠け」戦略が「熱心」戦略に勝る限り続くだろう。

では、どこまで割合が低まると、この減少が止まるのだろうか。それはアリの集団が「熱心5割、怠け5割」の比率に分かれるときなのである。このとき、「熱心」戦略をとるアリが得られる栄養の期待値は0.5×3+0.5×1=2、「怠け」戦略をとるアリが得られる栄養の期待値も0.5×4+0.1×0=2で一致しているから、自分の戦略を変えるアリはいなくなる。これで、つりあいが実現されることになるのである。

このとき、個々のアリがどちらの戦略に属すかは、偶然によって決まるにすぎないことに注意しよう。アリAが「熱心」、アリBが「怠け」であっても、その逆であっても、つりあいがとれていることには変わりはない。個々のアリの性向が生来から2種類に分別されているわけではないのだ。

その証拠に、両タイプのアリがいる集団から働きアリだけを抜き出して精鋭部隊を作っても、さっきと同じ合理的選択から、5割に至るまでは怠けるアリが出る。逆に怠けアリだけを取り出しても、5割に達するまでは、ばりばり働き始めるアリが出るのだ。だから、半々に分かれているアリは、最初になんらかの偶然でそう決まったから、そのままの戦略をとっているだけである。自分だけ態度を変えると、確実に自分が損な役回りになる。それは誰でも同じである。だから自分の立場を変えようとしないのだ。

このような作業環境の企業があったとすれば、成果主義は業績の向上にはあまりつながらないのではなかろうか。さらにいうなら、このような環境下で「怠け」社員と「熱心」社員への報酬の格差を大きくするとき、つりあいが変化して、「怠け」社員の比率のさらなる増加を促す可能性だって場合によってはありうるだろう。

†人事採用の悩み

企業経営の中でも、最も大きな不確実性がつきまとい、ままならないものが人事採用であろう。就業希望者の中から採用者を選ぶ参考となるのは、主に履歴書と面接だけである。これは、非常に限られたデータであり、これだけから採否を決定するのは難題である。良心的な人事担当のスカウトマンほど、自分の決定に自信が持てないものであろう。

人事採用の結果評価において、見逃してはならないことがある。それは、「採用した人に対しては、良かったか悪かったかハッキリわかるが、採用しなかった人がどうだったかは永久にわからない」ということである。人事採用には、このような「非対称性」がつきまとっているのである。

この非対称性は、いったい何をもたらすだろうか。一般的には、人事担当者の「保守性」をもたらすと考えられる。採用した労働者にかんばしくない人物が多い場合、これは経営者から人事担当の選抜能力が低いと判定されがちになるだろう。これでは立場が危うくなる。ところが、採用しなかった人に有能な人の比率がどんなに高くても、経営者はこのことをほとんど観測できない。したがって人事担当者の戦略としては、「かなり厳しめの基準にしてでも、確実な人を採る、冒険は避ける」ということになりがちであろう。

このように、**「結果を観測できない」選択があると、確率的な選択には、バイアス（偏り）がつきまとう**ことになるのである。

†観測されない側の結果

この人事担当の例のように、経済行動には、一度決断を下すとやり直しのきかないことが多い。しかも、その「決断をしなかった側」の結果が観測できない場合がほとんどなのである。

このことは、とりわけリスクの問題で重要な役割を果たす。

事業を行うと、さまざまなリスクがつきまとう。食品会社は食中毒のリスクをつねに念頭に置かねばならない。店舗を持って商売する場合は、その店舗での事故や火災で顧客が被害を受ける可能性に備えなければならない。このとき意識しなければいけないのは、「リスクに備えて万全の対処をした場合、その対処をしなかったら何が起こったかは観測できない」という点である。要するに、「もうひとつの側の結果」を知ることはできないのである。

このとき、錯覚しがちなのは、そもそもそんな対処は必要なかったのではないか、ということだ。何事も起こらなかったのは、対処したからなのか、そもそもそんなことは起こらないのか、それは永遠にわからないのである。

このようなリスクについての冷静な理解を放棄し慢心した企業は、観測しえなかった側の結果を軽視し、対処を不要なものと考えて、大失態を演じることになる。一流企業による食中毒事件やリコール隠し事件、火災による死傷事件などは、そのようなリスクの非対称性に対する経営者の認識の欠落から起きたといっても過言ではないだろう。

†2本腕のスロットマシン

このような「観測の非対称性」の問題から来る経済現象の面白いモデルを紹介することにしよう。マイケル・ロスチャイルドという経済学者が1973年に発表した「**2本腕のスロットマシン**」と呼ばれるたいへん優れた論文である。

この論文でロスチャイルドがテーマにしたのは、「価格づけ」の問題だ。あなたは今、商店主だとしよう。このときあなたが悩むのは、商品の価格づけである。店には客が次々やってくるが、商品の価格が高すぎれば買い手は少なくなるし、価格を低くしすぎると商品はよく売れるものの利益は少なくなる。

問題なのは、価格を決めたとき、その価格に応じて、やってきた客がどのくらいの割合で買ってくれるか、ということである。価格を高くしすぎると10人に1人程度しか買わないだろうし、価格を安くすれば、8割くらいの人が買ってくれるだろうが、その場合利益は少なくなってしまう。もしも、あなたが価格に応じてどの位の割合の人が買ってくれるか、その関数を正確に知っていれば、あなたは価格づけに悩むことはない。利潤の期待値、すなわち、(1個あたりの利益)×(買ってくれる確率) が最大になるような価格を選べばいいからである。

しかし、現実には商店主はこのような関数を事前に正確に知りようがない。だから通常、客の行動を観察したり、売れ行きのデータを集計したりして、この関数の形状を推し量ることになる。こういう状況下で、商店主は必ず正しい価格づけを探し当てることができるかどうか、それをロスチャイルドは問題にしたのだった。そして、場合によっては、商品の値札を間違った不利な価格に固定し続けてしまう可能性を指摘したのである。

†利潤かマーケッティングかそれが問題だ

ロスチャイルドが注目したのは、商店主の値づけにはふたつの目的がある、という点である。第一の目的はいうまでもなく、販売で得る利益水準の設定である。しかしもうひとつ大切な意味があることを見逃してはならない。いろいろな値づけによって、各値段でどのくらいの割合の人が購入してくれるかという「マーケッティング情報」が得られるということである。

ここにある種の矛盾というか、相克というか、そういうものが生じる。大きな利益を得るためには、最適の価格に「固定」すべきである。しかし、最適の価格というのは、いろいろ価格を動かして客の購買行動を観察してはじめてわかってくるものである。価格を固定することは、最適な価格の「模索」を放棄することになるし、価格を動かして最適な価格を模索することは最適でない価格水準での販売を続けることを意味する。

もっとわかりやすくイメージしたいなら、野球やサッカーなどでの監督の立場を思い出せばいい。監督にはふたつの重要な任務がある。第一はいうまでもなく、当面の試合に勝つことである。しかし、第二に、選手の好調不調、あるいは才能を値踏みすることもないがしろにはできない。このふたつはトレードオフを持っている。当面の試合に勝ちたいなら、今手持ちのデータでのベストメンバーで試合に臨むべきだろう。しかし、こうすると控えの選手の実戦経験を犠牲にすることになる。宝の持ちぐされになる可能性も否めない。だからといって、いろいろな選手起用にばかり熱心になると、試合では敗戦が多くなるだろう。

ロスチャイルドは、このような問題を分析するために、次のようなたとえ話を提供したのだ。今、あなたはスロットマシンの前にいるとしよう。そのスロットには左右に1本ずつ、2本のレバーがついていて、どちらでも好きなほうのレバーを引くことができるのである（簡単化のため賭け金は不要としておく）。賭けの結果は「当たり」か「はずれ」であり、どちらのレバーを引いても、当たりが出れば1ドルがもらえるとしよう。第1のレバーを引いたときの当たる確率pは既知とする。しかし、第2のレバーを引いたときの当たる確率qはわかっておらず、自分で推測するしかないとする。このときあなたは、どのような戦略をとるだろうか。

重要なのは各レバーを引く意味が異なることである。第1のレバーを引くことで得られるのは、賞金の1ドルか0ドルだけ、それだけである。当たる確率がpであるから、$1\times p+0\times(1-p)=p$ ドルが賞金の期待値となる。

しかし、第2のレバーを引いたときは、賞金の1ドルまたは0ドル以外に、得られるものがある。それは、「当たりやすさ」についての「情報」である。あなたは、第2のレバーを引いた結果から、第2のレバーを引いたときの当たる確率を推定することができる。それは、統計的推定を使って、たとえば100回スロットを引いて30回当たったことから確率0・3と推定したり、あるいはベイズ推定によって、随時数値を推定したりすることが可能である（実際、ロスチャイルドの論文では、ベイズ推定が用いられている）。

こういうスロットマシンにでくわしたとき、人は一般的にどんな戦略をとるであろうか。たぶん多くの人はこんな風にするだろう。まず第2のレバーを何度か引く。そして、気に入っている方法（統計的推定やベイズ推定、あるいは野生の勘など）で、第2のレバーの当たる確率を見積もる。それが第1のレバーより有利なら、第2のレバーをまだ引き続け、確率をさぐることと賞金稼ぎとを並行させる。また、第2のレバーより第1のレバーのほうが有利だと判断したら、第1のレバーに変更するのである。これが日常的で自然な戦略だといえよう。

†間違った選択を改められない理由

このような日常的で自然な戦略が、実に面白い現象を巻き起こすことにロスチャイルドは気がついたのだ。それは、「第1のレバーを引く戦略に一度変更されたら、もう二度と第2のレバーが引かれることはない」という事実である。

第1のレバーを引く、ということは、第2のレバーを引くことで得られる「情報の更新」を放棄することである。つまり第1のレバーを引いている限り、第2のレバーに関する「情報」は同じままである。前回第2のレバーを引かなかったということは、現状持っているレバーに関する推定では、第2のレバーのほうが不利だと判断しているはずである。しかし、第1のレバーを今引いたということは、第2のレバーについての「情報」は前と同じままなのだから、第2のレバーが不利であることに変わりはない。だから次回にも第2のレバーを引く理由はないのだ。こうして、第2のレバーはもう二度と引かれることはなくなるのである。

このことは、奇妙な経済現象の存在を示唆している。第2のレバーを引いていて、偶然運悪く当たり回数が少なすぎた場合、人はこのレバーの確率qを不当に低く見積もってしまうだろう。そして第1のレバーに変更するだろう。そうすると、もう二度と第2のレバーには戻ってこない。なぜなら第1のレバーを引く限り、第2のレバーに関する見積もりは更新されないからだ。たとえ第2のレバーの確率qが、第1のもののpより本当は圧倒的に有利であるという現実があったとしても、それを発見するチャンスは永遠に失われ、人は分の悪いレバーを引き続けるのである。

これは、人のある種の保守性を背景に持つメカニズムだといえる。

商店の例で見直してみよう。店主はある商品に1000円の値段をつけたとき、たまたま数日売れ行きが好調だったので、その商品の価格を1000円に固定してしまった。実は、800円にすれば、もっとたくさんの人が買って利潤が大きくなるのだが、800円なら買う人がどのくらいいるかを発見するチャンスは、1000円の値づけをしている限りこの店主には永遠に訪れないのである。

人事担当の保守性の例も同じように説明できる。たとえば、雇用面接にTシャツ姿でやってくるような人物を何人か雇って失敗した経験を持ち、それ以来Tシャツ姿で応募してきた求職者をすべて面接で落としたとしよう。ところがここで仮に、Tシャツで面接に臨む求職者が本当は高確率で有能な人材であるとしてみよう。しかし、この人事担当者は、このことに永遠に気がつかないのである。なぜならば、この担当者はもう二度とこのタイプの求職者の能力を観測するチャンスに恵まれないからである。

†確率的な嗅覚を持って、状況をクールにみきわめよ

以上のいくつかのモデルで、金融に関連した経済行動や、会社経営などにおいて、ともすると正義感や精神論などで安易に結論を出しがちなことにも、その背後に確率論的なメカニズムが働いていることがおわかりいただけたと思う。それだからこそ、先入観からものごとを即断せずに、クールに、緻密に、複眼的にものごとを眺める癖をつけるのが大切なのである。そのとき、確率的な発想は、非常に有効な判断力を与えてくれるに違いないのだ。

第9章　真似することには合理性がある

†仕組みの見えない不確実性

　われわれは、つねに不確実性の海に身をゆだねて日々を暮らしている。絶対潰れないなどという企業はないから、来年は失業しているかもしれない。最近は公務員だって安心はできない。政府による民営化の嵐が吹き荒れている。自分の所属する公共部門が来年には民間企業になっているかもしれない。また、好調な企業だって、いつまで好調でいられるかはわからない。市場環境はつねに激変しているから、昨年まで売れまくっていた商品が、今年はさっぱり、などということもままある。

　では、消費者はどうか。たとえば、虎の子を預けた銀行が破綻するかもしれず、ペイオフ解禁後であれば、すべてが戻ってくるとは約束されていないから、急に貧しくなってしまうかもしれない不確実性にさらされている。保険会社の破綻は、家計の安全方策を水の泡にしてしまうだろう。子供の教育費だって不確実そのものだ。子供が大学に進学するか、さらには大学院まで進学するかで、出てゆく教育費は大幅に異なり、すべてに備えようとすると頭が痛む。これらのさまざまな社会生活上の不確実現象では、確約されているものなどほとんどないのだ。

こういう不確実性に対して、それを評価し、対処法を与えるものこそが確率理論であった。17世紀からの数学者たちの研究の蓄積によって、不確実現象を定式化し、その法則性をさぐる方法論が確立された。それによって、われわれは、「でたらめに起きることにも法則性というものがある」という重大なことを知った。これらの確率法則をテクノロジーとして利用することで、現代の保険業や金融業、あるいはバイオ技術などが成立しているといっても過言ではない。

ところがこのように開発されてきた確率理論が、冒頭に述べたようなわれわれの日常生活をとりまく不確実性への対処法に利用できるか、というと、そうとも限らない。ポイントは、**従来の確率法則というのが確率現象を生み出す「仕組み」をはっきり決めないと使えない**、という点にある。ここでいう「仕組み」とは何であろうか。

たとえば、サイコロの目なら、起きるできごとは「{1,2,3,4,5,6}の6通りの数からひとつの数が選ばれる」ということ。それに加えて「どの数も選ばれる可能性が対等」であると決められている。これがサイコロ投げに関する「仕組み」である。血液型の遺伝を取り上げてみよう。AB型の父親とAB型の母親から生まれる子供の血液型については、起きるできごとは「{A型、B型、AB型}からひとつ、子供の血液型が選ばれる」ということであり、さらに「A型、B型、AB型の可能性は1：1：2の比率」と決まっている(詳しくいえば、父親からもらう遺伝子と母親からのそれを順に並べて書くとき、AA、AB、BA、BBの4組が対等に起こり、AAはA型、BBはB型、ABとBAはAB型になるということだ)。これが血液型の遺伝の確率的な「仕組み」なのである。

このように、確率現象を記述するには、「起こりうるできごとを列挙したもの」(**標本空間**)と「それぞれの起こりやすさの度合」(**尤度**《ゆうど》)を正確に記述する必要がある。ところが、冒頭で述べたような確率現象では、その仕組みをはっきりと記述することができないのである。

たとえば、「発売した自社の商品が売れるか売れないか」という不確実現象を考えてみよう。これは明らかに確率現象だが、サイコロや血液型の遺伝のようにははっきりと仕組みを記述することができない。まず、自社商品の販売量に関係する要因をあげつらっていってみる。{消費者の嗜好、流行、デザイン、自社ブランド力、他社製品との差異、広告量……）。枚挙にいとまがない。このように標本空間をはっきりさせることがすでに難しい。また、どの要因が販売量にどのような影響を持つかはもっとわからないことである。つまり、「起こりやすさ」（尤度）も特定できない。

子供の進学の問題も同じだ。子供が高卒、大卒、大学院卒のいずれを目指すか、それを決める要因は多岐にわたり、またそれぞれの持つ確率的な影響力をとらえることも不可能に近い。このような不確実性の環境には、従来の確率法則は適用できない。適用しようにも、仕組みがわからないことには、定式化ができないのである。確率というものが、学校教育の終わったおおよその人に縁遠いものと感じられている原因は、ここにあるといってよい。

では、このような「**仕組みの見えない不確実性**」に対して、それに対処する科学知識は何もないのだろうか。実はそうではない。最新の確率論の研究は、ついにこの牙城にも矢を放ち始めているのである。III部の締めくくりの章として、これらの最新の研究をふたつ紹介することとしたい。

†類似性を利用せよ

「仕組みの見えない不確実性」への対処法とは何か。実はたいそうなことではない。それはわれわれが普段自然に行っていることなのである。ひと言でいえば、「**類似性を利用する**」というものだ。

われわれは、不確実性のある問題への決断を迫られ、しかしその不確実性の仕組みがよくわからないときは、「似通った経験」を念頭に浮かべてみようとするだろう。たとえば、それほど親しいとはいえない人、仮にAさんと呼ぶ、の家を訪問するとき、何をおみやげに持っていくか悩んだとする。こういうときは自然と、その人物Aさんに似た友人、Xさんとしよう、を念頭に浮かべるだろう。そして、Xさんがどんなおみやげを喜んだかを思い出し、それを選択することになるだろう。つまり、Aさんと類似性のあるXさんに関する知識を利用して、決断を下すわけである。

もちろん、ぴったりAさんとタイプの合う人は友人の中に存在しないかもしれないから、「ある程度似ている」という妥協をして、XさんとYさんの2人を念頭に置くかもしれない。この場合、Xさんへのおみやげの経験とYさんへのおみやげの経験とを比較検討し、一方を選ぶか、その両方をおみやげにするか、あるいはそのふたつからさらに連想されるものを候補にするか、などとするだろう。

この例を見ると、従来の確率法則を利用した対処法とまるで違うのがわかる。従来の確率論の枠組みでこの決断を下そうとすると、まずおみやげの候補をすべて列挙し、各おみやげでAさんが喜ぶ、その「確率」を数値化し、確率の高いものを候補に選ぶ、ということになる。あるいは、各おみやげの価格も判断基準に加えて、「喜ばれる可能性の高い中から最もコストパフォーマンスがいいもの」を選択するのである。

しかし、こっちの方法は現実的にあまり適切とはいえない。まず、すべてのおみやげを列挙するのが面倒である。さらには、それぞれのおみやげについて、「それをAさんが好きである確率」などというのは、そもそもAさんのことをよく知らないのだから、どう想定していいか悩んでしまう。このような作業は、決して日常的とはいえない。

それに対して、Aさんと似たXさんやYさんのことを想定して、おみやげを決めるのは、作業として簡便であるし、日常的である。そのうえ、ある種の合理性・整合性を備えているとも考えられるのである。

まず、すべてのおみやげを列挙しなくていいのが嬉しい。XさんとYさんが、おみやげとして喜びそうなもの、あるいは現実に喜んだものだけを頭に浮かべれば済むのだ。これは思考を大幅に節約してくれる。次に、それらの候補に対して「Aさんがそれを好きな確率」などというものを考えなくていいのがありがたい。考える必要があるのは、AさんがXさんやYさんと「どの程度似ているか」ということだけである。Xさんのほうにすごく似ているなら、Xさんの好みのほうを優先すべきだし、Yさんのほうにすごく似ているなら逆にする。また、両方に似ているなら、XさんとYさんに共通する好みを優先すればいい。

この判断基準が「そんなに間違わないだろう」と思われること、つまり整合性があると考えられる理由は以下である。

ものごとには、なんらかの原因というものがあるものだ。Aさんの嗜好にもそれなりの理由があるだろう。たとえば、XさんもAさんも渡欧経験があり、Xさんが渡欧経験からワイン好きなのだとしたら、Aさんも同じ理由でワインを好む可能性が高い。あるいは、AさんとYさんがともに健康マニアであり、Yさんがポリフェノールが健康にいいという理由でワインを好んでいる場合も、Aさんが同じ理由でワインを好んでいる可能性は否定できない。だから、あなたがXさんやYさんとの類似性からAさんへのおみやげをワインと決めることは、正当性があるのである。

Aさんが、あなたの恩師や上司などといった上下関係にある人物であれば、同様な関係にあるXさんやYさんとの類似性の利用はことさら整合性を発揮することだろう。職業や役職は、その人物のライフスタイルをいくぶん支配しているはずだから、類似性が功を奏する可能性は少なくない。

†真似することには、必然性がある

類似性の発見とは、要するに「真似る」ことである。この戦略は、ビジネスの世界では、基本中の基本といっていい。たとえば、ある場所である店が商売に成功すると、その店の近所に必ずといっていいほど類似店ができる。素直に考えると、もうすでに一軒あるのだから、そこに類似の店を出しても利益はたかが知れているように思える。すべての客を奪えるわけではなし、がんばってどうにか半分程度の客を呼び込めるぐらいと考えても不思議はない。採算が合わないようにも思える。では、どうして類似店を出すのだろうか。

ここで注目すべきなのは、店が成功するかどうかを決定する要因を評価するとき、データが何もない場合非常に困難だ、という点である。ある場所に出店をした場合、その店にどの程度の客入りや売上げが見込めるかに対して、非常に多くの要因が作用するだろう。それらの要因すべてを列挙するのは容易ではないし、また、それらの要因が店の客入りや収益にどのような確率的な作用を持つかなどということは、原理的にわかりようがない。

このようなとき、「少なくとも類似店が出店して成功している」という情報は、非常に有益である。店の成功の裏側に、どんな原因や要因が仕組みとして絡んでいるかは計り知れないが、その店は少なくともそれらをクリアして、あるいは有効に作用させて、現実に成功しているわけである。店を成功させている要因が不明であって、自分の店がその成功店の類似店であるなら、同じ地域に出店した場合、同じ要因で成功する可能性はきわめて大きいといえるだろう。

この手のビジネスの成功例で、筆者が聞いた最も面白い話をひとつ紹介するとしよう。

缶コーヒーというのは、今では多くの消費者に愛されている商品であるが、これを最初に開発したのはポッカという企業であった。なんでも、ポッカの社長が駅でコーヒーを飲んでいるとき、電車が発車するので捨てなければならず、もっと手軽に車中でもコーヒーが飲めないかと思案して、開発したのだそうだ。その後、ポッカは自販機で缶コーヒーを売る戦略に出て、販売数を伸ばしていった。

この缶コーヒー業界にサントリーが参入したときの話である。サントリーは、味も価格もデザインもポッカと遜色ない「BOSS」という商品を開発した。デザインやCMを工夫し、購買層を25歳から35歳の男性ビジネスマンにしぼってマーケッティングを展開したのだ。が、どうしたわけかそれほどの販売量にはならない。それで開発スタッフは悩んでしまった。ポッカとの決定的な違いはいったい何なのか。

そこではたと思いついたのは、「ポッカのデザインには、なんだかわからないがおじさんの顔が描いてある」ということであった。「おじさんの顔」なんてものが販売量につながるとは信じられないが、半信半疑で自社のデザインにもおじさんの顔を描いてみることにしたわけである。そうしたら、どうしたことか、ぐんぐんと販売数が伸びていった、というのである。

もちろん、「おじさんの顔」を描いたのは、単なる偶然にすぎず、それとは無関係に「販売数が伸びる時期」にぶつかった可能性もあるだろう。しかし、「どうしてかはわからない」のだが、「おじさんの顔」が消費者の購買行動に正の作用を及ぼすという可能性だってないとはいえないだろう。現実に、「おじさんの顔」作戦は少なくとも負の効果をもたらしはしなかったのだ。

この「どうしてかはわからない」というのが大事なのだ。消費者の購買行動という確率現象の仕組みは、どうしたって生産者には正確に把握することなんか不可能だ。だから、「どういう仕組みだかわからない」のだが、なにか購買を刺激するオマジナイのようなものがあるなら、それを利用するのは賢い方法である。それが、「真似することの必然性」なのである。

†真似て不況を乗り越える

この十数年、日本は不況に苦しんでいた。不況の中では、多くの企業が製品の販売量を減少させていく。このとき、企業にはその原因がはっきりとはわからないものだ。もちろん、一番考えられるのは、「消費者に買う金がないから」という理由である。しかし、販売を伸ばしているいわゆる「勝ち組」の企業もあるし、売上げ減少がさほどでもない企業もある。自社の落ち込みが大きいなら、そこには他の原因もあるに違いない。それは、「自社製品の質の問題」かもしれない。「製品価格が高い」という可能性もある。あるいは「消費者の嗜好の変化」なのかもしれない。最悪の場合、ライバル会社や自社に恨みを持つものによって、「よからぬ風評を流されている」ということも考えられる。

あげつらうときりがないし、列挙したからといって、これらのどれが本当の原因であるかを知ることは難しい。このようなとき有効な戦略のひとつは、「真似る」ことであろう。不況の中でも成功を収めている同業者の真似をするのである。必ずうまくいくとはいえないが、手をこまねいていると倒産を早めるだけであるから、コストが大きくないなら試す価値は大きい。

この場合、成功例の真似をして売上げを回復させたとしても、「何が原因で自社製品がダメだったのか」はわからないままである。他社を真似たために、製品の価格や、広告や、デザインや、販売手順などがいっぺんに変わってしまっているからだ。しかし、われわれが欲しいのは、「停滞の原因を探す」ことではないことに注意しよう。われわれの目的は

「自社製品が盛り返す」ことなのである。盛り返したなら、停滞の原因は何であったとしても、大した問題ではない、と経営者は考えるだろう。したがって、結局、製品販売にまつわる「確率現象の仕組み」は、最終的に解明されないままに終るのだが、それがこの方法論の宿命だから仕方ないのである。

†事例ベース意思決定理論

このような「類似性を利用する」あるいは「真似る」という常套手段は、意外なことに数理科学では注目されてこなかったのだ。これを数学的に定式化しよう、という試みが行われたのはつい最近のことなのである。それは、ギルボアとシュマイドラーという2人の経済学者によって2001年に刊行された『事例ベース意思決定理論』というものである(今年2005年に、邦訳『決め方の科学――事例ベース意思決定理論』浅野・尾山・松井訳、が勁草書房から刊行された)。

ギルボアとシュマイドラーは、数学と数理経済学とオペレーションズ・リサーチの境界領域にある「意思決定理論」という分野で、さまざまな重要な研究結果を発表してきた学者たちだ(とりわけ、**ナイト流不確実性**という分野を創設した貢献は大きいのだが、それは拙著『確率的発想法』を参照してほしい)。この天才たちが、最新の研究として、この「**事例ベー**

ス意思決定」という方法論を打ち出したわけである。

彼らは、まさに「確率の仕組みがはっきり見えない場合の不確実性に対して、人間がどう対処しているか」を考えた。彼らの結論はこうである。まず、解きたい問題をpとする。そして、問題pが与えられたとき、選択可能な行動のリスト、たとえば a={x,y} の中からどんな行動を選ぶべきかを知りたいとする。

このとき、人はおおよそこんな思考をするだろう。まず、pに似た問題を過去の記憶からあげつらう。たとえば、qとrとsとtとしよう。そして、問題q、r、s、tに対して自分が実際にとった行動をそれぞれx、x、y、yとする。それぞれの行動の結果として、4種類の利益が得られたはずである。この経験をもとにして、今度の問題pに対して、行動xとyのどちらを選べばよいかを決定するために、以下を計算する。

まず、過去に経験した問題q、r、s、tと今直面する問題pとの「似ている程度」を0以上1以下の数値で評価する。たとえば、仮にそれぞれ0・4、0・7、0・3、0・9としておく。これを「問題の類似度」と呼ぶことにする。このとき、行動xをとった問題qとrに対して、そのとき得られた利益に問題の類似度を掛けて加える。具体的には

0.4×（問題qでxを行ったときの利益）+0.7×（問題rでxを行ったときの利益）

を計算するわけだ。次に行動yをとった問題s、tに対しても同じことを行う。

0.3×（問題sでyを行ったときの利益）＋0.9×（問題tでyを行ったときの利益）

このふたつの計算結果を比べて、前者のほうが大きければ行動xを選び、後者のほうが大きいなら行動yを選ぶ、というわけである。以上が、ギルボア&シュマイドラーの開発した事例ベース意思決定である。

このままでは抽象的なので、前に例として出した「おみやげ選択問題」に具体的に応用してみよう。この場合、問題pとは「Aさんに持っていくおみやげ選び」である。選択できる行動aを、たとえば、a＝｛ワイン、和菓子｝としておこう。このときあなたは、類似した問題の経験としてq＝「Xさんにおみやげを持っていった」とr＝「Yさんにおみやげを持っていった」があるとする。問題qに対して、行動「ワインを持っていく」をとり、成果が「まあまあ」で6点とし、問題rに対して、行動「和菓子を持っていく」をとり、成果が「大成功」で10点だった。そこで、AさんとXさんの類似度を0・9、AさんとYさんの類似度を0・3と測るなら、（類似度）×（成果）である 0.9×6 と 0.3×10 を比較して、前者のほうが大きいから、Aさんに対しては「ワインを持っていく」という行動選択をする、というわけである。

†経験を活かすということ

事例ベース意思決定というのは、「経験を活かす」意思決定の方法だといっていい。何か不確実性の絡む問題に直面した人が行動を選択する場合、当然、過去の経験に照らして、類似した体験を思い出し、そこでの成果を踏まえて行動選択するであろう。そういう自然な発想から理論が構築されているのである。

ギルボア&シュマイドラーは、本の中で次のような例を持ち出している。ひとつは、ある夫婦がベビーシッターを雇うときの選択基準である。この夫婦は、ベビーシッターの応募者に「推薦状」を要求するだろう。これによって、育児にまつわるさまざまな「問題」についての各候補者たちの実績を知ることができる。この夫婦の子供の特質と、候補者たちが過去に行ったベビーシッターでの成果との類似性を測り、それらを総合することで、誰が一番自分たちの子供のベビーシッターに向いているかを判断するのが自然だというわけだ。

彼らがもうひとつあげている例は、クリントン前アメリカ大統領のボスニア・ヘルツェゴビナに対する軍事介入の意思決定の問題である。これに対して、ギルボア&シュマイドラーは、大統領の選択が過去の軍事行動との類似性に依拠して判断されるであろう、と述べている。たとえば、軍事介入の賛同者は、湾岸戦争を成功例としてあげる傾向を持ち、反対論者は、ベトナム戦争を失敗例として引いてくる。そこで、大統領の判断は、ボスニア・ヘルツェゴビナの紛争が、どちらにどの程度似ているか、それを参照することになるだろう、と論じているのである。

どちらの問題においても、「確率の仕組みが見えない」という点は今まで筆者があげた例と同様であろう。この種の問題に最も有効なものは、いうまでもなく「過去の経験」である。というより、それ以外判断の材料がないのである。

もちろん、ギルボア&シュマイドラーの論文は、「類似性を参照すればうまくいく」とただキャッチコピーを述べているにすぎない俗なビジネス本とは一線を画している。彼らは、「公理化」という方法を使って、この事例ベース意思決定の方法論を数理的に正当化しているのである。詳しくは解説しないが、「人びとがどのような選好の規則を心の中に持っていると、結局、こういう類似度に応じた平均計算をする判断基準と結論が一致するか」という、いわば人間の内面にある「選り好みの規則」を明示して、そこからさきほどの計算を演繹しているから偉大なのだ。

†メニューの多いレストランを好む理由

前節までは「仕組みの見えない不確実性」に関するギルボア&シュマイドラーの理論を紹介してきた。ここで最後にもうひとつ、別の研究を紹介しておくことにしたい。それはD・クレプスというゲーム理論を専門とする経済学者が提唱した考え方である。

われわれは、夕食のレストランを決めるとき、「メニューの豊富なレストラン」に決めることが多い。たとえば、Aというレストランは肉料理の専門店、Bという店は魚料理の専門店、Cという店は肉も魚も出すとする。ここで仮に、AとCの肉料理は味や値段は同一、BとCの魚料理もそうであるとし、どの店も雰囲気やサービスは甲乙つかないとしておく。

この3店から夕食の店をあなたが選ぶとき、従来の意思決定理論の枠組みだと、「AとCは同じ程度好ましく、どちらもBに勝る」となるか、「BとCは同程度に好ましく、どちらもAに勝る」となるか、必ずどちらか一方になる。

その理屈は簡単で、もしあなたが肉好きなら、BはAやCに劣り、好きでない魚が加わったからといってCをAより嫌う理由はないから、AとCは同程度に好ましくなる。これが前者の意味することだ。逆に魚好きだと後者となるはず、というわけだ。

ところが現実はどうだろう。実はわれわれは、CをAよりもBよりも勝る一番の店と考えるのではないだろうか。この理由を数理的に表現する方法論をクレプスは苦心して編み出したのである。

これを聞いて、鼻で笑った読者もおられるであろう。そしてこういわれるに違いない。「だって、今夜肉を食べたいか、魚を食べたいか、それは気分しだいだから、両方ある店のほうがいいに決まってるでしょ」。おっしゃるとおり。人間は優柔不断だから、メニューの多い店を好むのは当然である。そんなことも経済学者はわからないのか、と叱られそうだが、このような**「優柔不断への選好」**というのがきちんと数理化されたのは、1979年にクレプスが成功してやっとのことだったのである。

†「優柔不断への選好」を解剖する

ではクレプスは、この「優柔不断への選好」をどうやって数理化したか、というと、面白いことに確率理論の枠組みを使ったのだ。以下のようにする。

あなたは今夜の自分の気分が今はわからない。それは不確実なことである。だから、コインを投げたように、偶然によって決まるであろう。それを気分I、気分IIとしよう。気分Iは確率0・9で起きて、そのときは肉が食べたくなる。他方、気分IIは確率0・1でしか起きないが、そのときは魚が食べたくなる。食べたいものを食べたときの満足を仮に10点とし、そうでないものを食べたときのそれは0点としておく。さて、あなたは店を選ぶとき、次のようにすればいい、とクレプスは提案する。3店それぞれを選んだ場合について、おのおの以下の評価値の計算を実行し、数値が一番大きくなるレストランを選ぶのである。

（評価値）＝（気分Ⅰの確率）×（気分Ⅰのとき、メニューから選べる食べ物の与える満足の最高値）＋（気分Ⅱの確率）×（気分Ⅱのとき、メニューから選べる食べ物の与える満足の最高値）

簡単な計算だが、きちんとやってみることにする。まず店Aを選んだ場合、気分Ⅰが起きると肉を食べて満足10を得るが、気分Ⅱが起きても肉を食べるしかなく満足0となる。したがって、

（Aの評価値）＝0.9×10＋0.1×0＝9点

店Bを選んだときは、これと満足が逆になるだけだから、

（Bの評価値）＝0.9×0＋0.1×10＝1点

ところが、店Cを選ぶと、肉の気分なら肉を、魚の気分なら魚を選ぶことができる。つまり、どちらの気分が起きても（最高点の食べ物を選んで）満足10を得ることができる。し

たがって、

(Cの評価値)＝0.9×10＋0.1×10＝10点となる。

三つの数値を比較することで、Cが最も好ましいことが示される。つまり、評価値の計算から、あなたの「メニューに対する好み」の順位は、C店メニュー｛肉、魚｝が1番で、A店メニュー｛肉｝が2番目、B店メニュー｛魚｝が最後、ということになるのだ。

ここで注目してほしいのは、この評価値の計算方式が例の期待値の拡張版になっている、という点である。確率を得点に掛けて合計する期待値を、確率をメニューから選べる最大の得点に掛けて合計する、という計算に拡張しているからである。

クレプスの理論の面白さをひと言でいうなら、「選択の余地が多い行動を好む」理由を、確率を使って説明しているところにある。実際、決定されるのは三つのメニュー｛肉、魚｝｛肉｝｛魚｝に対する好みの順位なのであるが、これだけ見ると「不確実性」の構造は全くない。そんな中で選択肢の豊富なメニューが好まれる理由は、自分の未来の好みは不確実であり、不確実なできごとのひとつが生起した時点において、まだ選択の可能性が残されているから、と説明されるのである。

つまり、「あなたは意識的にメニューに対する好みを決めているが、その背後には、意識されていない不確実性の構造が横たわっている」ということである。「メニューに対する選好」とは、「優柔不断への選好」であり、「仕組みの見えない不確実性」への感覚的な代替品だということになる。クレプスの理論は、確率を外から与えるのではなく、選好の構造から自然と決まるので**「内生的確率空間の理論」**とも呼ばれる。

†貨幣とは何だろうか

クレプスがこの理論を使って突き止めようとしたのは、実は「貨幣の役割」である。経済学では、昔から、「貨幣とは何であるか」ということが問題にされてきた。読者のみなさんは、「貨幣って、お金のことでしょ、いったい何が問題なの」といぶかるかもしれない。しかし、よくよく考えると、お金の果たす機能というのはなかなか手ごわいのである。資産というのは、土地や株や債券に替えれば自然と増える。それを世の中では、利子とか利回りなどと呼ぶ。もちろん、リスクもあるが、元本保証のある安全度の高い金融資産も少なくない。このような利回りを放棄してまで、なぜ人は貨幣を生のままで保有しようとするのだろうか。そして、そのとき貨幣の担う役割は何なのだろうか。こんな風に、経済学者は悩んできたわけだ。

この問題へ最も説得力のある解答を示したのが、かのケインズであった。ケインズは、貨幣保有の動機を**「流動性への選好」**とみなした。流動性とは、「事態を未確定のまま放置しておくことのできる便宜」といってよい。こう言われてみると、貨幣はそのような便宜を持っていると思える。

実際、資産を株や債券や土地に替えてしまうと、何かの都合で急にある商品が入用になっても、すぐにそれを手に入れることができなくなる。株や債券や土地では、その商品を直接交換してもらえないのが一般的だからだ。まず株や債券や土地をそれぞれの市場で売却しなければならず、買い手がつくまで時間と手間がかかる。しかし、資産を貨幣で保有しているなら、すぐさま欲しい商品に替えることができるのだ。「貨幣とは交換しない」などという偏屈な商人は存在しないからである。

つまり、「事態を流動的にしておくため」、あるいは「優柔不断の確保のため」、または「不測の事態への備えのため」、そういう理由で貨幣を保有すると考えたのがケインズであった。ケインズは、このような経済主体の貨幣保有の欲望が度を越した場合、それが不況の原因を作り出すと考えた。そこで、不況時に中央銀行が市場に出回る貨幣量を増やすような政策を、有効な処方箋として提唱したのである。これがいわゆる「金融政策」と呼ばれるものである。

†お金は、優柔不断をかなえる

ところで、「貨幣が流動性への選好の現れである」とことばでいうのはたやすいが、「流動性への選好」というのは何であるかを、ケインズは明示化しなかった。もっと詳しくいうと、伝統的な経済学が消費行動を、「消費財に対する選好の最適化」、つまり「予算で買える消費財のセットの中で、どういう組み合わせが最適であるか」という形式で数理化したのと同じようには、「流動性への選好」を数理的に基礎づけることをしなかったのである。クレプスが与えた理論は、まさにそのようなケインズのやり残した数理的な基礎づけのひとつなのであった。

クレプスの理論を借りるなら、貨幣の役割というのは以下のようなものだといえる。

人びとは、消費に対する欲望を満たすために経済行動をする。しかし、自分の未来の消費への欲望がいかなるものであるかは、「自分にも不明瞭」なのだ。明日何を食べたいと思うか、それは今はわからない。来年、どんなことに興味を持っているか、それはCDを聞くことか、ゲームをすることか、今は確実なことはいえない。10年後に自分の職務に必要とされるのが、資格をとるための学校通いか、体力作りのジム通いか、想像がつかない。しかも、このような「自分の将来の必要物に関する未知」というのは、原理的に「仕組みの見えない不確実性」なのである。標本空間を列挙することも、それに確率を割り振ることもままならないからだ。

このような未知に対して、最も有効な対応策は何かといえば、それは事態をできるだけ未確定のまま放置しておくことである。このように人びとには、優柔不断への欲望が勃興するのである。この欲望をかなえるのが他でもない、貨幣というわけなのだ。

貨幣を保有することは、将来手に入れることのできる「多数の商品メニュー」を手にしているのと同じである。もちろん、他にも多少融通の利く商品はある。デパートの商品券を保有すれば、デパートで売っている商品とは何でも交換できる。そういう意味では商品券も流動性を持っている。しかし、デパートにない商品とは交換するのが困難である。チケットショップで換金すればいいが、時間がかかるうえ、額面をディスカウントされてしまう。だから商品券の流動性は貨幣に比べて限定的なのである。

JRのSUICAを考えてみよう。これを持っていれば、JRのサービスはいつでも享受できる。電車で好きなときに好きな場所に行くことができる、という意味で「移動に対する欲望」を満足させることはできる。しかし、「移動の必要」しか満たすことができないのはいうまでもない。SUICAの流動性はものすごく低いといえる。

それに対して、貨幣のまま保有すれば、原理的にはその額面の商品であれば何でも手に入れることができるわけである。貨幣の流動性は、ほとんど無限大に近いといってよい。というか、このような「超越的な流動性」を備える財をして、「貨幣」と定義するといったほうが正しい。

そういう意味でいえば、日銀紙幣イコール超越流動性だとばかりはいえない。戦時中では、食料が不足し、貨幣を商品に交換することは難しかったそうだ。むしろ、米や芋のほうが流動性を持っていたのである。収容所では、配給物資の中のタバコが流動性を担ったのは有名な話である。また、ハイパーインフレーション等で日銀紙幣の信頼が損なわれると、ドルなどの外貨が超越流動性を備えるようになるだろう。実際、崩壊する前の東ヨーロッパの諸国では、自国通貨ではなく、ドルが最も高い流動性を備えていた。ソ連の地下経済では、ルーブルよりもマルボーロのほうが重宝された、という話まである。

つまり、誤解してはいけないのは、人びとが欲しがるものは、「日銀紙幣」という個別の財なのではなく、「超越流動性」という抽象的な存在だ、ということだ。この超越流動性を貨幣と定義することで、貨幣が何の働きをするかが今や明らかとなった。これを保有することで、将来自分に生起する「気分」という名の「見えない仕組みの不確実性」すべてに対処することを可能にする、それが貨幣の機能なのである。

終章　不確実性下における選択の正しさとは何か

本書では、9章にわたって、不確実性に対する理解と処方とを解説してきた。それをおおざっぱにまとめると、

① 不確実性の性質は、確率の理論を使って記述できる。

② 確率理論を使うと、私たちが錯覚や思い込みによって陥っている誤謬《ごびゅう》を明らかにすることができる。

③ 社会で起こるさまざまな事件や事故に対して、日常的な感覚では見落とされてしまうことを、確率や統計が冷徹に解明する。

④ 不確実性の理論は日進月歩であり、最新の理論は社会現象のすみずみにその触手を伸ばしている。

といった感じかと思う。

このまとめからもわかるように、これらの章を書くうえで筆者は、できるだけ客観的なポジションを保持しようとした。筆者はすでに、NHKブックスの一冊として『確率的発想法』という本を書き下ろしており、そこでは社会思想に対する筆者の主観的な意見・見解等を存分に述べた。そこで本書では逆に、客観的でクールな確率論的視座を読者に提供するよう目指したのである。

しかし、そのクールな客観的内容だけでは、何か物足りなく感じた読者もおられるだろう。「それでこの著者はいったい何が言いたいのだ」、そういぶかられているかもしれない。もちろん、そういう点では、筆者にも幾分の心残りがある。そこでこの章では、本書の裏側に込めた筆者の個人的な気持ちを少しだけ表に出してみたいと思う。

＊

不確実性下の意思決定に際して問題になるのは、「**合理的な選択**」と「**正しい選択**」の違いである。とりわけ、「**不確実性下における選択の正しさとはいったい何か**」という点が大問題なのである。

たとえば、患者が手術前に執刀医師から説明を受けたとする。それによれば、手術を受けなければ5年生存する確率は50％、受ければそれは90％に上がるが、難しい手術なので失敗して死亡する確率もわずか1％ほどはある、とのことである。このとき、患者の決断はどういうものになるだろうか。

「合理的な選択」、たとえば期待値基準においては、手術を選ぶことだろう。しかし、手術を受けてみたら、運悪く失敗して死んでしまったとする。この場合、この選択は「正しい選択」だったのだろうか。「選択は正しかったが、運が悪かった」で済ましていいのだろうか。

確かに、事前には「正しい選択」だったのかもしれない。だが、事後的に見れば「正しい選択」ではなかったはずだ。それは疑いない。実際死んでしまったのだから。

このように、**不確実性下の選択には、「事前」と「事後」における結論（正しさ）のズレという難しい問題が存在している**のである。このギャップを埋める理論は、いまだに提唱されていない。村上春樹が、このことに関して、実に的を射たことを小説で書いている。『パン屋再襲撃』（文春文庫）の中の次のような記述だ。

たぶんそれは正しいとか正しくないとかいう基準では推しはかることのできない問題

だったのだろう。つまり世の中には正しい結果をもたらす正しくない選択もあるし、正しくない結果をもたらす正しい選択もあるということだ。このような不条理性——と言って構わないと思う——を回避するには、我々は実際には何ひとつとして選択してはいないのだという立場をとる必要があるし、大体において僕はそんな風に考えて暮している。

このような事前と事後の亀裂の問題に対して、「頻度」を考えれば「正しい選択」だった、と指摘する人が結構おられる。実際１００人の同病の患者がいれば、そのうち99人は手術に成功し、さらにそのうちの89人ほどは5年生存を獲得する。この１００人が手術を受けなければ、5年後に生きている患者はわずか50人にすぎない。そうおっしゃられるに違いない。

だが、これは手術を「する側」の正しさなのである。医者の選択の正しさを、5年後生存「人数」で測るならば、手術を説得するのが正しい選択だといえるかもしれない。しかし、患者の側にとってはそうとはいえない。１００人のうち89人が5年生存しても、それが自分でないなら、そんなことには何の意味もない。自分は１人しかおらず、今生きるか死ぬかの選択が迫られているからだ。

＊

このような頻度的発想（期待値基準の発想）を安易に推奨する人には、「工学的」な立場の人が多い。こういう人たちの思考パターンは、とにかく膨大なサンプルを念頭に置く。そして、そこでの期待損害量の大小でものごとの「正しさ」を判定するのである。このような考え方は、政策を施行する立場からは何の落ち度もない。政策施行側の人には、「どの1人の人物に対しても、ある災難が生起する確率が0・01」（事前）であることと、「1万人のうち100人の具体的な人びとに災難が現実化すること」（事後）に、なんら違いが感じられないからである。この人たちにとっては、具体的な個々の人物が問題なのではなく、無個性化した「人数」だけが関心の対象だからであろう。

しかし、不確実な災難や悲運に直面している人にとっては、逆にこういう「工学的」な発想は無用の長物だといっていい。1万人の人が不幸のわずか0・01ずつを全員で分け合うのと、丸ごとの不幸を被る100人に自分が含まれることとは全く別問題だからである。

＊

このような「マス集団に注目し、個を同一視する」従来の頻度的な意思決定法、政策施行側の論理に対する反省・反証から、経済学は主観的確率の理論を発展させてきたといってもいい。これらの理論では、確率は個人の内面に存在する「思考の癖」のようなものととらえられる。

たとえば、宝クジを購入するのは、頻度主義に立てば、まるで「正しい選択」ではない。宝クジの収益の期待値は、賭け金の40％前後である。無限に近い回数購入すれば、獲得賞金は購入にかかった費用の半分にも満たない。

しかし、そもそも購入者は、無限に近い回数購入することなど想定していないし、それは有限の人生では不可能なことである。また、平均的な収益が40％であることにもあまり関心がないといっていい。関心があるのは、自分が生きているうちに1等を当てるか否かである。なぜなら、1等が当たれば、自分の生活の次元が、根本から覆るからである。

国民の貯蓄の分布は、第6章のグラフ（図9）で示した。これは、そのまま所得の分布とも相似である。これからわかることは、資産のランクというのは一度決まるとそこから大きく水準が変化することはほとんどない、ということである。大多数の国民は収入から生活に最低限度必要な金額を差し引くと、手元にあまり余剰は残らない。その小さな余剰を積み上げ、貯蓄を作っている。だから大多数の国民の貯蓄は似通った水準になる。ごくわずかな人数の突出した収入の人が、（生活資金を控除した後でも）ほとんど全額に近い金額を貯蓄できるので、大きな貯蓄を築けるという仕組みになっている。

宝クジを購入する動機には、このような資産蓄積の仕組みが背景にある、と思われる。購入者にとって重要なのは、平均還付という仮想的な金額(期待値)ではなく、このような資産蓄積が不可能な状況下での生存中における「一発逆転の可能性」なのではないだろうか。つまり、**不確実性下の選択というのは、各自の生きている社会の構造と不可分なのである。**

筆者の知人でオーバードクターをしていた人がいた。彼に地方の大学への就職が舞い込んだとき、筆者は研究職の就職難を鑑みて、就職してはどうかと激励した。しかし、彼はそのチャンスを流してしまった。彼はそのとき筆者にこう説明した。「地方での生活や、研究環境というものは、体験したことがないので正確にはわからない。伝え聞く範囲でしか知らない。だから、人生を再生的に何度もくり返すことがあるのなら、試しに何回かはそういう経験をしてみてもいいかと思う。しかし、人生は一度しかなく、くり返すことができない。だから、ここで地方に行く決断を下すつもりはない」。

このことばを聞いたとき筆者は、人生における「正しい選択」という問題のことを思わずにはいられなかった。彼は理系の学者であり、もちろん確率論を十分に心得ている。そして、その彼が、人生の選択においては、明らかに頻度主義的発想に立脚していないのだ

（ついでながら、彼は最終的には、東京圏の研究所の就職を獲得したことを付記しておく）。

彼が東京にこだわる理由は、彼のライフスタイルに大きく依存することはいうまでもない。けれども、日本における文化や教養や経済の蓄積が東京に一極集中している、ということが、彼の不確実性下での「正しい選択」に大きな影響力を持っていたことは疑いないことである。

＊

筆者は、**不確実性下の意思決定を考えるうえで、人生における「祈り」とか「覚悟」とかいったものを排除できないように思う。**資産蓄積がままならず、慎ましやかに生きる人びとの持つ、自分の生活が次元的変異を起こすことへの「祈り」。もうこないかもしれないが、自分にとってベストではないチャンスを流すときの「覚悟」。そういったいわば「文学的」ともいえる思考様式が、意思決定の問題と本質的に表裏の関係にあるように思われるからだ。

これらの問題は社会設計の困難さと無関係ではない。政策施行者は、利益を得たり、損害を被ったりする「人数」を問題にする。施行者にとって、Aという人物もBという人物も、どちらにもとりたてて差異はない。どちらも、「1」という数に対応するだけである。

だが、Aという人物の意思決定とBという人物の意思決定は、生身の個体者としての内面的な「思考の癖」によって行われ、政策施行者の計画と矛盾する可能性は十分にある。それはAにとってBは「0」にすぎず、BにとってもAは「0」にすぎないからだ。

このようなくい違いにぶつかって、施行者は苛立つかもしれないし、これらの個人を非合理的な人間だと非難するかもしれない。だが、ここでもう一度問いたい。「合理的な選択」とはなんだろうか。「正しい選択」とはなんだろうか。

*

筆者は紆余《うよ》曲折《きよくせつ》の末、経済学という学問に行き着いた。この学問に腰を据えて、地道に研究をしようと決意したのは、もともと、社会における「公正性」とか「公平性」とかに強い関心があったからである。そして、これらの問題を考えるうえで、人びとの意思決定における「合理的な選択」と「正しい選択」の問題にぶつかった。

研究者になってみて、それ以前に持っていた社会観のいくつかは、偏見や先入観のたぐいであることに気がついた。たとえば、学校制度というものが、人びとに公平なチャンスを与えるものだと思っていた。決して裕福とはいえない家庭に育った筆者が、大学教育まで受けられたのは、「公平な社会制度」の賜物なのだと思い込んでいた。しかし、それは

「個の狭い視野」から観た風景にすぎないことが、あとでわかった。今では、学校教育は決して公正で公平な社会のための装置とはいえない、という疑念を抱いている。このことは別の機会に論じたいと思う。

幼少時の生活の中で、たくさんの市井《しせい》の人びとの暮らしぶりを見てきた。勤勉で実直な労働者たちの姿を見ながら、しかし、彼らの社会における立場を、どうしても伝統的な経済学が主張するような「合理性を持った最適行動」によってもたらされたものだとみなすことができなかった。彼らの意思決定の様式も含めたうえで、「この社会をこのような態様にしてしまう仕組み」というのがあるような気がしてならないのである。

そして、このことを考えるうえで、最も重要な鍵のひとつになるのが、「合理的な選択」と「正しい選択」の問題だ。そう筆者には思える。だから、地道な研究を積み上げることによって、いずれこの問題への解答に少しでも肉薄したいと思う。かっこよくいえば、それが、研究者としての筆者の「祈り」であり「覚悟」なのだ。

おわりに――確率って、自然や社会や人生そのものなんだ

ぼくが数学に目覚めたのは、中学1年生のときだった。夢中になったのは、素数の分布とかフェルマーの最終定理とかで、確率にはさっぱり興味がわかなかった。数学は全般に得意だったから、テストでは確率の問題も難なく正解できたけど、別に面白いとは思わなかった。

大学で数学科に進んでも事情は同じだった。確率論の基礎になるルベーグ積分論や関数解析は一応単位をもらえたけれど、興味もわかなかったし、そこから確率論を勉強したいとも思わなかった。相も変わらず、整数マニアのままだった。

それから長い歳月が流れ、現在のぼくは経済学者で、数理経済学を専門にしていて、確率論の論文を書いているのだから、人生というのは本当にわからない。

ぼくが経済学の研究の中で、どうして確率にこだわっているのか、それは終章に書いたのでここではくり返さないけど、実はぼくの確率への関心は、経済学にはとどまらないのだ。

確率において最も重要なことは、「扱っている対象の何と何を同一視し、何と何を区別するか」ということだ。つまり、「自然や社会をどう見るか」ということになる。たとえば、本書にもちらっと書いたように、熱現象を説明できる有力なモデルが統計力学なのだけれど、その中で「分子たちに対して何を同一視するのか」が大問題になる。それを突き詰めると、「熱湯と冷水を混ぜるとぬるま湯ができるのに、逆にぬるま湯が熱湯と冷水に勝手に分離することはない」、そういう自然現象なんかと関係がでてくる。そして、その背後には、「ミクロの世界とマクロの世界がどういう風にリンクしているのか」という大問題が影を落としていることがわかる。

ミクロとマクロの関係ということを問題にするなら、これは経済学にとっても重要なテーマだ。個人個人の自由な経済行動を集計した結果の市場社会が、いったいどうして不況なんていう不幸な世界をつむぎ出すのか、これも経済学に残された大きな課題だからだ。量子力学や集団遺伝学なんかでも、その現象を記述するために確率は欠かせない道具だ。ぼくは確率論が身近になってから、量子の振る舞いや生物の進化にまで興味が及んできてしまった。つまり、**確率を通じてぼくは、世界をまるごと好きになった**といえる。そして、整数マニアだったぼくより、今のぼくのほうがずっと日常を楽しんでいるように思うのも事実だ。

＊

確率についていては、本書の前にNHKブックスの一冊として『確率的発想法』というものを書いた。でも実は、ちくま新書の増田健史さんから本書の企画を持ち込まれたのは、NHKブックスとわずかに前後した時期のことにすぎなかった。

すでに同じ企画が進行中であることを正直に打ち明けると増田さんは、コンセプトの違う本を作りましょう、という提案をしてくれた。そうして増田さんと議論しているうちに、前作と全く違うモチベーションの本が書けることに気がついた。前作は、社会思想や厚生経済学の色彩の強いもので、ある意味ぼくの主観や恣意性で貫かれていた。それに対して本書では、むしろ思想的な側面をできるだけ抑えて、客観的に確率の「操作法」や「適用法」などを紹介し、クールな分析に終始することにした。

そんなわけでNHKブックスと本書は、ぼくにとっての「確率二部作」のような間柄になったと思う。だからたぶん、一方を面白いと思うなら、きっと他方も面白いはずだろう。

本書を書く過程で、増田さんと議論しているうちに、ぼくの中で確率についてのあたらしい視点が芽生えたと思う。これはいつか、研究にも何か実りをもたらすような予感がする。研究上、専門の論文を読むのは大事だけれど、有能な編集者との議論も大きなインパクトをもたらすのだと再認識させていただいた。増田さんには、とくにそのことに感謝したい。

２００５年９月　解散総選挙の年に

小島寛之

ちくま新書
565

使《つか》える！ 確率的思《かくりつてきし》考《こう》

二〇〇五年一一月一〇日 第一刷発行
二〇〇五年一二月一五日 第三刷発行

著者 小島寛之（こじま・ひろゆき）

発行者 菊池明郎

発行所 株式会社 筑摩書房
東京都台東区蔵前二-五-三 郵便番号一一一-八七五五
振替〇〇一六〇-八-四一二三

装幀者 間村俊一

印刷・製本 三松堂印刷 株式会社

乱丁・落丁本の場合は、左記宛に御送付下さい。
送料小社負担でお取り替えいたします。
ご注文・お問い合わせも左記へお願いいたします。
〒三三一-八五〇七 さいたま市北区櫛引町二-六〇四
筑摩書房サービスセンター
電話〇四八-六五一-〇〇五三

ISBN4-480-06272-6 C0233